Hermann Müller

Beiträge zur geognostischen Kenntnis des Erzgebirges

Hermann Müller

Beiträge zur geognostischen Kenntnis des Erzgebirges

ISBN/EAN: 9783743365100

Hergestellt in Europa, USA, Kanada, Australien, Japan

Cover: Foto ©berggeist007 / pixelio.de

Manufactured and distributed by brebook publishing software
(www.brebook.com)

Hermann Müller

Beiträge zur geognostischen Kenntnis des Erzgebirges

BEITRÄGE
ZUR
GEOGNOSTISCHEN KENNTNISS
DES
ERZGEBIRGES.

HERAUSGEGEBEN

AUS DEM

GANGUNTERSUCHUNGSARCHIV
ZU FREIBERG.

III. Heft.

Mit 2 Tafeln und 8 Holzschnitten.

FREIBERG.

IN COMMISSION BEI CRAZ & GERLACH.

1869.

Inhalt.

I.

Ueber die Gesteins- und Gang-Verhältnisse bei Himmelsfürst Fdgr. zu Erbisdorf unweit Freiberg.

Von **Bernhard Rudolph Förster.**

Hierzu Tafel I. und 8 Holzschnitte.

Allgemeine Uebersicht.

Das gesammte Grubenfeld von Himmelsfürst Fundgrube liegt innerhalb des grossen erzgebirgischen Gneissterrains. Es wird daher der grösste Theil der von ihm eingenommenen Gebirgsmasse durch verschiedene Varietäten von Gneiss constituirt, welche gegenseitig meist lagerartig, zum Theil aber auch in Form von Gängen und Stöcken auftreten.

Inmitten des Gneissgebirges findet sich eine Haupteinlagerung von Granatglimmerschiefer, der zuweilen übergeht in reinen Glimmerschiefer oder in Quarzschiefer. Einige kleinere Lagen von Granatglimmerschiefer treten in der Nähe jener grossen in deren Liegendem auf.

In dem Granatglimmerschiefer kommen einzelne lager- und stockförmige Massen von Granit vor.

Untergeordnet treten Gänge und Stöcke von reinem Quarz auf, sowie Gänge von Melaphyr, und endlich einige lagerförmige Massen von einem Hornblendegestein

1

Tafel I. zeigt die geognostischen Verhältnisse in der Horizontalprojektion der Moritzstollnsohle und in einem verticalen Profilschnitte, welcher durch das Mittel des Fundschachtes senkrecht auf die dasige allgemeine Streichrichtung der Gebirgsschichten, sonach im Streichen hor. 3,4 gelegt gedacht ist.

Beschreibung der einzelnen Gebirgsglieder.

I. Gneiss.

Der nordöstliche Theil des vom Himmelsfürster Grubenfelde eingenommenen Gebirges wird gebildet durch einen Gneiss, der zusammengesetzt ist aus Quarz, weissem Orthoklas und schwarzem oder schwarzbraunem Magnesiaglimmer.

Der Orthoklas mit seiner weissen Farbe und seinen glatten, glasglänzenden Spaltungsflächen hebt sich im frischen Gestein deutlich gegen den mattglänzenden, lichterauchgrauen Quarz hervor. In verwittertem Gestein ist der Feldspath lichtebraun. Ganz untergeordnet in Bezug auf Qualität tritt zuweilen ein röthlicher oder grünlicher Natronfeldspath (Oligoklas oder Albit) und weisser Kaliglimmer auf.

Es besitzt diese Gneissvarietät eine körnigflasrige oder stenglichflasrige, dabei deutlich schiefrige Structur. Die Glimmerlamellen einestheils, und die Quarz- und Feldspathkörner anderntheils zeigen auf dem Hauptbruche oft den ausgeprägtesten Linearparallelismus, während auf dem Querbruche die drei Mineralien in körnigem Gemenge erscheinen.

Allen diesen Eigenschaften nach bestimmt sich der vorliegende Gneiss als Müllers

Brander Gneiss,

welcher zu den normalen grauen Gneissen gehört, wenn man mit Müller*) die Gneisse eintheilt in

*) Berg- und Hüttenmännische Zeitung 1863, Seite 233.

normale graue, d. s. die älteren oder Ur-Gneisse,
amphotere graue, d. s. jüngere Gneisse,
rothe, d. s. ebenfalls jüngere Gneisse.

Die südwestliche Grenze dieses Brander Gneisses zieht
sich vom untersten Theile des Dorfes Linda nördlich beim
Brandensteinschachte und beim Horchhalder Schachte vorbei
nach dem Glückauf Schachte und Neue Hoffnung Schachte
zu; sie scheint nur im ersten Theile dieses Verlaufs mit der
Gebirgsschichtung übereinzustimmen, weiterhin aber, sich mehr
nach Süden hinwendend, dieselben zu durchschneiden und im
Allgemeinen unter 30 bis 40° in Südwest einzufallen.

In dieser Weise wird der Brander Gneiss von einer anderen Gneissvarietät begrenzt, welche letztere jedoch in der
Nähe dieser Grenze, oft sogar noch ein paar hundert Lachter
davon entfernt, durch eine ihm sonst ungewöhnliche Voll-
kommenheit der Parallelstructur dem Brander Gneisse ziemlich ähnlich ist.

Die Bestandtheile dieser zweiten Gneissvarietät sind folgende: mattglänzender, lichterauchgrauer Quarz, ein plagioklastischer Natronfeldspath (Oligoklas oder Albit) mit mattem
Glanze und unvollkommener Spaltung, entweder bläulich- oder
grünlichweiss oder (wahrscheinlich durch Zersetzung) röthlich-
weiss bis fleischroth; ferner Kalifeldspath (Orthoklas) von
weisser Farbe, mit glatten hellglasglänzenden Spaltungsflächen,
durch welche er sich von jenem Feldspathe gut unterscheiden
lässt; und endlich schwarzer Magnesiaglimmer.

Wie im Brander Gneisse tritt auch in diesem zuweilen
untergeordnet weisser Kaliglimmer auf.

Als accessorische Gemengtheile des vorliegenden Gneisses
findet sich feinschuppiger oder fast erdiger, graugrüner Chlorit
und zuweilen, jedoch selten, schwarzer Turmalin oder Schörl,
auf Klüften in büschelförmig angeordneten, stengligen Krystallen aufsitzend.

Die so constituirte Gneissvarietät ist von körnig-schup-
piger Structur. Es bilden die Quarz- und Feldspaththeile
ganz unregelmässig geformte Körner, und die Glimmertheile
einzelne Schuppen, welche zwar in der Hauptsache Parallelis-

mus zeigen, von dem aber doch auch sehr viele in ihrer Lage bedeutend, zuweilen sogar 90 Grad abweichen, so dass das Gestein meist eine sehr unvollkommene Schieferung, ja gewöhnlich eine granitartigkörnige Structur zeigt. Es ist dies besonders dann der Fall, wenn der schwarze Glimmer in geringer Menge vertreten, dafür aber der weisse Kaliglimmer und der Natronfeldspath häufiger ist. Solches granitartiges, sich schon durch seine helle Farbe deutlich auszeichnendes Gestein zieht sich oft auf bedeutende Länge in mehr oder weniger schmalen, nicht selten vielfach gewundenen Zwischenlagerungen in dem Normalgesteine fort, ohne von demselben scharf abgegrenzt zu sein.

Abnorme Ausscheidungen, wie sie bei der folgenden Gneissvarietät sehr häufig sind, finden sich hier zwar auch, doch nur selten.

Der vorliegende Gneiss characterisirt sich sonach als Müllers

Himmelsfürster Gneiss,

welcher zu den amphoteren grauen, also zu den jüngeren Gneissen zu rechnen ist.

Der Gebirgstheil, welcher aus dem Himmelsfürster Gneisse besteht, zeigt im nordwestlichen Theile des Himmelsfürster Grubenfeldes, beim Dorfe Linda, ein Streichen seiner Schichten von hora 11 bis 12; in dem Gebirgstheile zwischen dem Brandenstein- und dem Nielig-Schachte einerseits und dem Reichelt- und Nimm dich in Acht-Schachte anderseits schwankt dieses Streichen seiner Schichten von hora 8,5 bis hora 9,7 und ist im Durchschnitte etwa hora 9,4; von hier aus gegen Südost hin aber wendet es sich schnell in niedrigere Stunden, so dass es beim Landgrabenschachte etwa hora 7,5 beträgt.

Die Gesteinsschichten fallen in Südwest ein, und zwar in den oberen Teufen unter 25 bis 40 Grad, weiter in der Tiefe aber, und zwar namentlich an der südwestlichen Grenze dieses Gebirgstheiles, unter viel grösseren Winkeln — 40 bis 50, ja sogar 60 Grad.

Es schwankt das Fallen oft innerhalb kurzer Entfernungen um 5 bis 10 Grad.

Wie es scheint überall parallel der Gebirgsschichtung wird der Himmelsfürster Gneiss von einer anderen Gneissvarietät überlagert, nach deren Grenze zu jener in einer kleinkörnigeren und glimmerreicheren Modification auftritt, wodurch er sich diesem überlagernden, nach der Hauptgrenze zu auch gar oft schon zwischenlagernden Gneisse mehr oder weniger nähert, wobei aber doch beide, namentlich im Felde von Reicher Bergsegen, scharfe Grenzen mit einander zeigen.

Die Hauptgrenze zwischen diesen beiden Gneissvarietäten zieht sich vom unteren Theile des Dorfes Linda beim Unverhofft beschert Glück - Schachte und Volle Rose - Schachte vorbei nach dem Markscheider - Schachte und weiter nach dem Johannes - Schachte zu und schiesst, parallel den benachbarten Gesteinsschichten, auf der nordwestlichen Seite unter 12 bis 20 Grad, in der Gegend des Vertrau auf Gott - Schachtes aber unter circa 36 Grad (in der Tiefe bis zu 60 Grad) und weiter nach Südost zu unter 35 bis 45 Grad in Südwest ein.

Diese den Himmelsfürster Gneiss überlagernde Gneissvarietät zeichnet sich in ihrer Normalbeschaffenheit, namentlich den vorhergenannten Varietäten gegenüber, durch einen besonderen Glimmerreichthum aus, welcher das Gestein sehr ähnlich dem Glimmerschiefer erscheinen lässt. Viel heller Glimmer mit weniger dunklem gemengt, bildet zusammenhängende Häute, zwischen denen isolirt die linsenförmigen Körner von Feldspath und Quarz innenliegen, so dass dadurch die Glimmerhäute auf dem Hauptbruche gewellt und bucklich erscheinen und jene zwei anderen Mineralien gar nicht sehen lassen, während auf dem Querbruche ein grob- und krummschiefriges Gemenge erscheint. Der Feldspath ist theils ein hellglänzender orthoklastischer, theils ein zuckerartigfeinkörniger, meist mehr oder weniger kaolinisirter plagioklastischer.

Accessorisch beigemengt findet sich rothbrauner Granat meist in Hirsekorn-, selten in Erbsengrösse, und zuweilen schwarzer stengliger Turmalin.

Uebrigens sind linsenförmig eingelagerte oder stockförmige Anhäufungen von Quarz, Glimmer oder Feldspath oder von verschiedenen dieser Mineralien zugleich nicht selten in dem Gestein.

Der Quarz ist bei solchem Auftreten lichterauchgrau, häufig mit Fettglanz; der Feldspath, wenigstens zum Theil durch Zwillingsstreifung als ein plagioklastischer deutlich erkennbar, ist gewöhnlich fleischroth und zeigt selten vollkommene Spaltbarkeit. Der Glimmer bildet entweder (bis ¼ ☐Zoll) grosse ebene Blätter und Tafeln oder unregelmässige, aus stark gekrümmten Blättern zusammengesetzte Partien.

Namentlich in solchen Ausscheidungen kommt jener schwarze Turmalin vor.

Es stimmt der so beschriebene glimmerreiche Gneiss überein mit dem

Wegefahrter Gneisse

Müllers und ist als solcher den älteren grauen Gneissen zuzurechnen.

Der Wegefahrter Gneiss hat beim Dorfe Linda ein Streichen von hora 11 bis hora 12,4, doch nimmt dieses nach Südost hin mehr und mehr ab, so dass es z. B. beim Niklas-Schachte hora 8,6, noch weiter nach Vereinigt Feld zu nur hora 7 bis 7,6 ist. Das Fallen beträgt bei Linda 12 bis 20 Grad in Südwest, weiter nach Südost hin nimmt es aber zu bis zu 45 Grad in den oberen und 60 Grad in den niederen Teufen. An der Grenze des den Wegefahrter Gneiss unterlagernden Gesteins scheint derselbe stets parallel geschichtet zu sein mit diesem und mit den Grenzflächen selbst.

Inmitten des Wegefahrter Gneisses sowohl, als auch des Himmelsfürster Gneisses, zwischen dem Reichelt-Schachte und dem Molch-Schachte, tritt ein anderer Gneiss auf, der sich in seinen Bestandtheilen vom Himmelsfürster Gneisse nur durch die überwiegende Menge von hellem, meist hellgrauem Glimmer, gegenüber dem dunklen Magnesiaglimmer unterscheidet und vom Wegefahrter Gneisse durch das fast vollständige Verschwinden des Orthoklases gegen jenen plagioklastischen Feldspath mit zuckerartigfeinkörniger Structur.

In der feinkörnigen Gesteinsgrundmasse von Feldspath und Quarz sind die kleinen Glimmerblättchen in ziemlich paralleler Lage, isolirt oder zu kurzen Flasern verbunden eingestreut, so dass das Gestein eine kleinkörnigschuppige oder kleinkörnigflasrige Structur erhält. Die verhältnissmässig geringe Glimmermenge ist Ursache, dass dieses Gestein sehr fest und spröd und namentlich im Vergleich mit dem Wegefahrter Gneisse im Kleinen nur unvollkommen schiefrig ist. Doch aber spaltet es im Grossen immer in ebenen und parallelflächigen Platten, wesshalb es ganz vorzügliche Mauersteine liefert.

Das Gestein entspricht Müllers

Borstendorfer Gneiss,

welcher zu den amphoteren grauen, also zu den jüngeren Gneissen zu rechnen ist.

Der Borstendorfer Gneiss bildet zahlreiche, oft ganz schmale, oft aber auch bis zu 30 Lachter mächtige Zwischenlagerungen zwischen dem Wegefahrter Gneisse und zum Theil auch zwischen dem Himmelsfürter Gneisse, namentlich häufig südlich vom Moritz-Schachte und südlich vom Reichelt-Schachte. Seine Schichtung scheint überall parallel zu sein mit der des Gesteins, in dem er liegt, und parallel mit den Grenzen seiner Lager.

Einen einzigen Fall beobachtete ich, nehmlich auf dem Thelersberger Stolln, südlich vom schwarzen Spate, im Hangenden des Jupiter Stehenden, wo der Borstendorfer Gneiss gangförmig im Wegefahrter Gneisse auftritt.

Fig. 1.

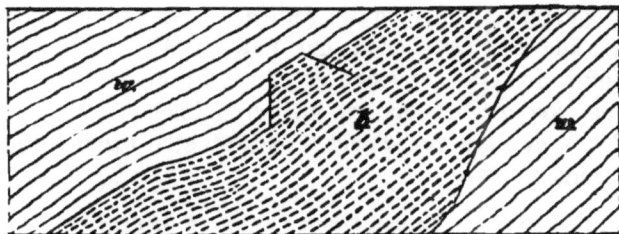

b Borstendorfer Gneiss.   *w* Wegefahrter Gneiss.

In allen bisher beschriebenen Gneissvarietäten treten mehr
oder weniger häufig Gänge. Stöcke und Lager (resp. Lagergänge) von

rothem Gneiss

auf. Derselbe ist zusammengesetzt aus Quarz, vielem blass-
fleischrothen oder gelblichrothen Natronfeldspath mit mattem
Glanze, feinkörniger Structur und unvollkommener Spaltung,
ferner aus weissem Orthoklas mit hellglasglänzenden Spaltungsflächen, sowie endlich aus grünlich-, gelblich-, graulich-
oder silberweissem Kaliglimmer in Schuppenform. Der schwarze
oder dunkelbraune Magnesiaglimmer der vorhergenannten,
grauen Gneisse fehlt ihm gänzlich.

Accessorisch beigemengt findet sich im rothen Gneisse
Schörl, gewöhnlich in büschelförmig gruppirten Krystallen,
selten Granat in kleinen, mit dem Gestein verwachsenen Krystallen und Chlorit in Form von sehr kleinen in allen Richtungen liegenden Schuppen.

Der Umstand, dass der rothe Gneiss eine geringere
Menge von Glimmer enthält, als die grauen Gneisse, veran-
lasst, dass jener weniger vollkommen schiefrig ist, als diese.
Er bricht mehr in massigen, vielflächigen Stücken, oft dem
Porphyr sehr ähnlich.

Der rothe Gneiss zeigte an den ausserordentlich zahlreichen einzelnen Beobachtungspunkten zwischen allen Arten
des grauen Gneisses scharfe Grenzflächen und eine dem Nebengesteine parallele Schieferung, wenn nicht letzteres, wie es
bei gangartigem Auftreten des rothen Gneisses in der unmittelbaren Nähe der Grenze oft der Fall, gefältelt ist. Etwa in
der Hälfte der Fälle erschien er mir in Form von Gängen und
Stöcken von 2 Zoll bis zu mehreren Lachtern Mächtigkeit,
wie die in den Figuren 2 und 3 dargestellten Profile beispiels-
weise zeigen.

Stücken von grauem Gneiss inmitten des rothen Gneisses
sind keine seltenen Erscheinungen. Fig. 4.

Fig. 2.

**Thelersberger Stolln, Gelobt Land Stehender, 17 Lachter
vom Moritz Flachen in Nord.**
r Rother Gneiss. *g* Grauer Gneiss.

Fig. 3.

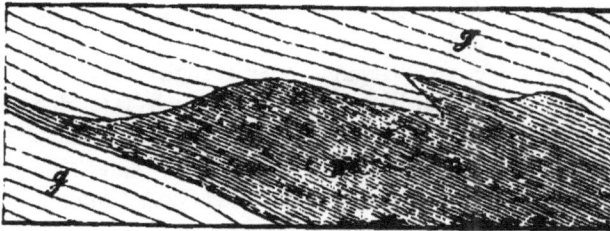

Segen Gottes Stolln, Neuglück Spat, Jahrtafel 1824.

Fig. 4.

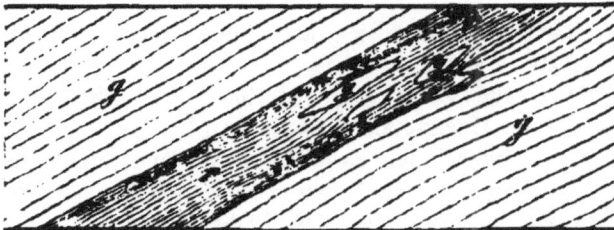

3. Gezeugstrecke, Glückauf Morgengang, 4 Lachter von 1809 in Ost.

Während in etwa der Hälfte der Beobachtungsfälle der rothe Gneiss gang- oder stockförmig zwischen grauem Gneisse auftrat, zeigte er sich übrigens lagerförmig dazwischen liegend; doch sind solche Zwischenlagerungen wohl als Lagergänge anzusehen, da sie immer scharfe Grenzen gegen das Nebengestein und in vielen Fällen directe Verbindung mit Gängen und Stöcken von rothem Gneisse zeigen.

Betrachtet man das Vorkommen des rothen Gneisses bei Himmelsfürst Fdgr. im Grossen, so stellt sich, wie dies auch auf Taf. I. ersichtlich ist, heraus, dass er eine sehr grosse Anzahl von Gängen (resp. Lagergängen) bildet, welche in der Streichrichtung übereinstimmen mit den Gesteinsschichten, während sie im Fallen meist ein Wenig davon abweichen, indem sie sich nach oben zu etwas aus dem Liegenden in das Hangende ziehen. Sehr oft zertheilen sich die Gänge des rothen Gneisses nach oben zu in mehrere schmälere Trümer, welche sich jedoch weiterhin zuweilen wieder vereinigen, zuweilen aber auch auskeilen.

Eine Zone von Gängen oder Gangtrümern des rothen Gneisses — die nördlichste — zieht sich fast der ganzen Längenerstreckung nach an der Grenze des Himmelsfürster Gneisses mit dem Brander Gneisse hin; eine andere vom untersten Theile des Dorfes Linda nach dem Frankenschachte zu und noch etliche Hundert Lachter darüber hinaus; eine dritte, die Hauptzone, erstreckt sich längs der Grenze zwischen dem Wegefahrter Gneisse (am nördlichsten Theile) oder dem später zu besprechenden Granatglimmerschiefer einerseits und dem unterlagernden Himmelsfürster Gneisse andererseits, vom unteren Theile des Dorfes Linda bis über den Gelobt Lander Teich hinaus und setzt sich auch noch weiterhin nach den Waldteichen zu fort.

Die Gänge dieser letzteren Zone treten meist nur im Himmelsfürster Gneisse auf. Im Granatglimmerschiefer fanden sich nur einzelne schmale Zwischenglieder von rothem Gneisse. Im Wegefahrter Gneisse treten ausser zweien beim Molch-Schachte nur in der Nähe der Grube Sieben Planeten und des Dorfes Linda mehrere Gänge von rothem Gneisse auf, dagegen z. B. auf der langen Stollntour zwischen dem Moritz-Schachte und den südlichsten Bauen von Hoffnung Gottes Fdgr. bei Langenau kein einziger.

Nach der Tiefe zu finden sich im Himmelsfürster Gneisse noch mehrere Zonen von Gängen und Gangtrümern des rothen Gneisses, die nicht bis zu Tage ausgehen.

Der meiste rothe Gneiss kommt innerhalb des Himmelsfürster Gneisses vor.

Die Mächtigkeit der Gänge des rothen Gneisses beobachtete ich zwischen $1^1/_2$ Zoll und 5 Lachter. Nur ein in der Tiefe zwischen dem Granatglimmerschiefer und dem unterlagernden Himmelsfürster Gneisse auftretender Gang wurde von weit grösserer, z. B. auf 9. Gezeugstrecke, von 10 Lachter Mächtigkeit gefunden.

II. Granatglimmerschiefer.

Zwischen dem Himmelsfürster Gneisse befindet sich auf circa 1300 Lachter Länge eine Lage von Granatglimmerschiefer, deren Schichten überall parallel denen des angrenzenden Gesteins und parallel den Grenzflächen sind. Sie besitzt eine durchschnittliche Mächtigkeit von 10 Lachtern, doch vergrössert sich diese durch die vielfach daran zu beobachtenden Ausbauchungen an ein paar Stellen bis auf 30 Lachter und darüber, während sie andernorts nur 3 bis 4 Lachter beträgt.

In der 7. Gezeugstrecke auf dem Kreuze des David Stehenden mit dem Concordia Morgengange und auf diesem, von jenem Gange in Ost, sind im Liegenden obigen Hauptlagers auch noch andere, weit kleinere Einlagerungen von Granatglimmerschiefer im Himmelsfürster Gneisse aufgeschlossen.

Der bei Himmelsfürst Fdgr. auftretende Granatglimmerschiefer ist ein Glimmerschiefer, der fast stets Granaten in sich einschliesst.

Der Quarz des Glimmerschiefers ist farblos oder lichterauchgrau, der Glimmer (Kaliglimmer?) weiss oder hellgrau. Die Granaten sind blassroth bis dunkelbraunroth, ohne deutliche Krystallformen und meistens ohne Ablosung vom Glimmerschiefer. Sie haben Hirsekorn- bis Haselnussgrösse.

In der Regel ist der Glimmer überwiegend gegen den Quarz, in welchem Falle jener zusammenhängende, zuweilen vielfach gewundene Häute bildet, zwischen denen der Quarz in $\frac{1}{4}$ bis 2 und mehr Linien starken Lagen innenliegt. Ein solcher Glimmerreichthum macht das Gestein blättrigschieferig. Bei dieser Beschaffenheit nennt man das Hauptlager des Granatglimmerschiefers „die faule Lage." Sehr oft aber ist in diesem Gesteine der Quarz überwiegend gegen den Glimmer, welcher letztere dann nicht mehr zusammenhängende Häute, sondern nur isolirte Schuppen bildet. Das Gestein erhält dadurch eine körnigschuppige Structur und ein dem Quarzschiefer oft sehr ähnliches Ansehen. Es ist dann mehr oder weniger vollkommen schiefrig, je nachdem die Glimmerindividuen mehr eine unter sich parallele oder eine verworrene Anordnung zeigen.

Lagen von glimmerreichem und von quarzreichem Granatglimmerschiefer wechseln vielfach mit einander ab und geben dadurch diesem Gebirgsgliede ein sehr verschiedenartiges Ansehen und ausserordentlich verschiedene Festigkeit.

Accessorisch tritt im Granatglimmerschiefer zuweilen ein wenig Feldspath in unregelmässigen Körnern mit dem Quarz verwachsen auf.

Sehr häufig sind in dem Hauptlager des Granatglimmerschiefers linsen- oder wulstförmige Anhäufungen von lichterauchgrauem Quarz, zuweilen von Fussdicke und Lachterlänge.

III. Hornblendegestein.

Im Himmelsfürster Gneisse kommen einige, bis zu etwa 5 Lachter mächtige Lager von einem hornblendehaltigen Gestein vor, dessen Schichten parallel denen des angrenzenden Gesteins sind.

Dieses Hornblendegestein besteht im Wesentlichen aus Hornblende und dunkelbraunem Glimmer, doch scheint auch ein Feldspath in sehr geringer Menge darin enthalten zu sein. Die Hauptmasse ist feinkörnig schiefrig und durch die in verschiedenen Richtungen darin liegenden Glimmerblättchen schuppig.

Es ist dieses Hornblendegestein entweder als Dioritschiefer oder als Hornblendeschiefer anzusehen.

IV. Granit.

Sehr untergeordnet tritt im Himmelsfürster Gebirge Granit auf. Derselbe ist zusammengesetzt aus farblosem oder lichtgrauem Quarz, weissem oder etwas röthlichweissem Orthoklas mit grossen, glatten, glasglänzenden Spaltungsflächen, ferner aus einem lichtefleischrothen oder lichteölgrünen, wahrscheinlich plagioklastischen, feinkörnigen, weniger glänzenden Feldspath (wohl Oligoklas) und aus dunkelgraubraunem Glimmer in Krystallsäulen oder dünnen Platten, die bisweilen eine Grösse von 3 bis 4 Quadratzoll haben.*) Diese Bestandtheile bilden zusammen ein grobkörniges Gemenge, in welchem der Feldspath sehr vorherrschend ist.

Accessorisch beigemengt finden sich im Granit zuweilen büschelförmig angeordnete Krystalle von schwarzem Turmalin.

Im Himmelsfürster Gneisse beobachtete ich den Granit auf dem Concordia Morgengange in 7. Gezeugstrecke, östlich vom David Stehenden, in Form eines Stockes von 1½ Lachter grösster Ausdehnung, Fig. 5, und auf demselben Gange in 5. Gezeugstrecke, westlich vom Frisch Glück Flachen, in mehreren Lagerstöcken. Uebrigens wurde Granit nur im Granatglimmerschiefer, doch auch hier nicht häufig gefunden, und zwar in Form von Lagern, Stöcken, oder Lagerstöcken, wie z. B. in Fig. 6.

Fig. 5.

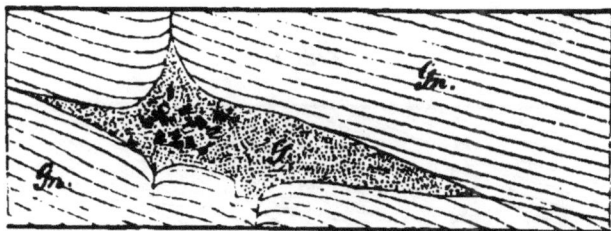

7. Gezeugstrecke, Concordia Morgengang. 5 Lachter von 1832 in West.
G Granit. *Gn* Gneiss. *s* Schwarzer Turmalin.

---

*) Von dergleichen Vorkommnissen dürfte der Glimmer herrühren, von welchem Scheerer in der Schrift „die Gneuse des Sächsischen Erzgebirges" Seite 49 unter No. XXXII eine Analyse mitgetheilt hat.

Fig. 6.

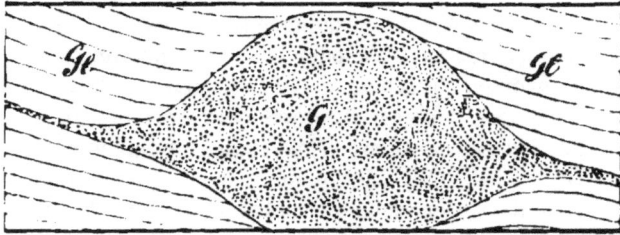

Segen Gottes Stolln, Neuglück Spat, 9 Lachter vom Georgius
Flachen in West.
G Granit. *Gl* Granatglimmerschiefer.

V. Quarz.

Im Gegensatze zu jenen im Wegefahrter Gneisse und
im Granatglimmerschiefer vorkommenden Lagern von rauch-
grauem Quarz sind die Gänge und Stöcke von weissem Quarz
zu erwähnen, welche sowohl in allen Arten Gneiss, als auch
im Granatglimmerschiefer aufs unregelmässigste geformt vorkommen. Jedenfalls beachtenswerth ist es, dass diese Quarzmassen nicht nur den grauen, sondern auch den rothen Gneiss
gangartig durchsetzen und Stücken von Beiden in sich einschliessen.

Fig. 7.

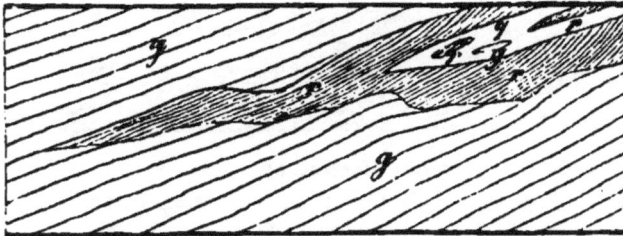

Moritzstolln, Teich Flacher, 1,5 Lachter von 1846 in Nord.
g Grauer Gneiss. *r* Rother Gneiss. *q* Quarz.

Fig. 8.

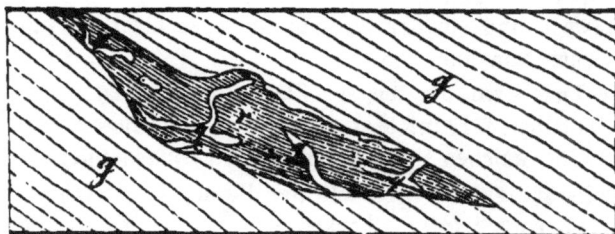

1/25. Gezeugstrecke, Juno Spat, 36 Lachter vom Vertrau auf Gott Flachen in Ost.

Obgleich solche Quarzvorkommnisse ziemlich häufig beobachtet werden, so konnten doch in keinem Falle mehrere Beobachtungspunkte von verschiedenen Grubenbauen als einer Gangebene zugehörig nachgewiesen werden. Es scheinen demnach diese Quarzmassen entweder nur eine geringe Ausdehnung zu haben, oder doch das Gebirge ganz regellos zu durchschneiden, ohne nur annähernd sich an die Richtung einer Ebene zu halten.

VI. Melaphyr. (Porphyrit?)

Als Begleiter des August Flachen tritt ein Melaphyrgang auf, der von Müller bereits beschrieben worden ist.*) Ich selbst habe diesen Melaphyrgang zwar vielfach im Liegenden und im Hangenden vom August Flachen abweichend gefunden, auf 8. Gezeugstrecke sogar um 4 Lachter, doch konnte seine Fortsetzung nirgends über die bis jetzt bekannte Ausdehnung dieses Erzganges in der Streich- oder Fallrichtung hinaus nachgewiesen werden, wenn nicht der in dem Steinbruche in der Nähe des Neuschachtes zu beobachtende porphyrartige Melaphyr ihm angehört.

Der Melaphyrgang ist wenigstens ebenso schwankend im Streichen und Fallen, wie der August Flache. Das Mittel

---

*) Jahrbuch für den Berg- und Hüttenmann auf das Jahr 1861, Seite 227.

aus den über jenen gemachten Beobachtungen ergab das in der Profilansicht auf Taf. I. dargestellte Fallen von etwa 72 Grad in Südwest und ein der dasigen Gebirgsschichtung paralleles Streichen von hora 9,3.

In der Tiefe, wo der August Flache in Nordost, also der durchschnittlichen Fallrichtung des Melaphyrganges entgegengesetzt fällt, weichen sie auch am meisten von einander ab.

Der Vollständigkeit wegen soll hier die in jener Beschreibung von Müller gelieferte Characterisirung des fraglichen Melaphyrgesteins wörtlich folgen:

„Es erscheint, wenn im frischen Zustande, grünlichgrau bis grünlichschwarz von Farbe, dicht oder höchst feinkörnig und von unebenem Bruche. Unter der Loupe lassen sich als Hauptbestandtheile ein hellgrünlichgraues oder bräunlichgraues, blättriges oder körniges, schwachglänzendes, zur Zeit nicht näher bestimmbares, feldspathartiges Mineral und ein, in kleinen Flecken oder Körnern dazwischen eingestreutes dunkelgraues bis schwarzes, mattglänzendes oder schimmerndes, fast homogenes Mineral unterscheiden. In den mächtigeren Gangpartien zeigt das Gestein bisweilen eine eigenthümliche, variolitische Structur, indem zwischen der dann vorwiegenden grünlichschwarzen Substanz das hellgraue, feldspathartige Mineral in erbsen- bis haselnussgrossen, rundlichen Concretionen mehr oder weniger dicht gedrängt eingewachsen vorkommt."

Der Melaphyrgang ist 1 bis 40 Zoll, durchschnittlich etwa 15 Zoll mächtig. An den Saalbändern ist er im frischen Zustande gewöhnlich auf $\frac{1}{2}$ bis 1 Zoll Dicke sehr dicht und röthlichgrau von Farbe. Wo er vom August Flachen durchsetzt wird, ist er meist zersetzt und erscheint dann lichtegrünlichgrau. Beim Anhauchen giebt das Gestein einen starken Thongeruch.

Der Melaphyrgang durchsetzt und verwirft den grauen Gneiss, den rothen Gneiss und auch die Quarzgänge, wie dies z. B. im Hangenden des August Flachen vor einem Feldorte 2 Lachter über 8. Gezeugstrecke, nördlich vom Kalb Stehenden zu beobachten war. Von grauem und rothem Gneisse führt der Melaphyr zuweilen Einschlüsse in sich.

Im Himmelsfürster Felde tritt ferner ein Gang von porphyrartigem Melaphyr auf, d. i. einem Gesteine mit feinkörniger bis dichter Melaphyrgrundmasse und darin porphyrartig eingestreuten, in den verschiedensten Richtungen liegenden Blättchen eines dunkelbraunen Magnesiaglimmers. Das Gestein zeigt beim Anhauchen ebenfalls einen starken Thongeruch.

Den Gang dieses porphyrartigen Melaphyrs habe ich zwischen dem Dorfe Linda und dem Moritz-Schachte an einer sehr grossen Anzahl Punkte beobachtet. Es lassen sich diese Beobachtungspunkte alle in einer Gangfläche vereinigen, die, wie in der Profilansicht des Himmelsfürster Gebirges zu ersehen, bis etwa zur 2. Gezeugstreckensohle in Südwest, weiter in der Tiefe aber in Nordost einfällt und sehr regelmässig hora 9,5 streicht.

Im Einzelnen ergeben die Beobachtungen, dass der Gang des porphyrartigen Melaphyrs nicht nur ganz gewöhnlich in 2 bis 4 Trümer von je 0,2 bis 3 Lachter Mächtigkeit und bis 4 Lachter gegenseitigem Abstand zertheilt ist, sondern dass er auch vielfache gang- und nesterartige, ganz unregelmässig gestaltete Ausläufer in's Nebengestein schickt und vielfach Bruchstücke desselben in sich einschliesst, die dann immer ziemlich gleiches Streichen und Fallen zeigen, wie das eigentliche, nicht eingeschlossene Nebengestein.

Endlich tritt noch ein dritter, hier zu nennender Gang im Himmelsfürster Gebirge auf, der als Melaphyrgang bezeichnet worden ist. Das Gestein desselben scheint gleiche Hauptbestandtheile wie das des Auguster Melaphyrganges zu haben, nur ist das darin enthaltene feldspathige Mineral blassroth, wodurch das ganze Gestein ein röthlichgrünes bis röthlichbraunes Ansehen erhält.

Der Gang dieses Gesteins wurde nur an wenigen Punkten zwischen dem Frankenschachte und dem Vertrau auf Gott-Schachte beobachtet. Er zeigt ungefähr ein gleiches Auftreten wie der Auguster-Melaphyrgang und unterscheidet sich von dem vorhin beschriebenen Gange des porphyrartigen Melaphyrs namentlich dadurch, dass er keine solchen Zertrümerungen und Verzweigungen wie dieser zu bilden scheint.

2

VII. Die Erzgänge bei Himmelsfürst Fdgr.

Sämmtliche Himmelsfürster Erzgänge durchsetzen alle vorhin beschriebenen Gebirgsglieder, soweit sie in deren Bereiche auftreten; doch ist in diesen verschiedenen Gesteinen die Art der Gangspaltung sehr verschieden. Nehmlich in den glimmerreicheren, also im Wegefahrter Gneisse, namentlich aber im Granatglimmerschiefer ist die Spaltung viel unvollkommener, als in den glimmerärmeren. Während hier die Spalte eine ziemlich regelmässige ist und auch eine compacte Gangausfüllung enthält, besteht sie dort mehr aus einzelnen schmalen Trümern oder Klüften, die durch Stücken des Nebengesteins getrennt und damit ausgefüllt sind. Es ist z. B. mehrfach, namentlich am Vertrau auf Gott Flachen, insbesondere zwischen 8. und 9. Gezeugstrecke, zu beobachten, dass der Gang mit ansehnlicher Mächtigkeit und compacter Gangausfüllung im Himmelsfürster Gneisse auftritt und solche sofort verliert, wenn er in den Granatglimmerschiefer hineinsetzt, weil er sich hier in der beschriebenen Weise zerschlägt.

Es bilden die Himmelsfürster Erzgänge, wie sich später ergeben wird, in mehrfacher Beziehung übereinstimmend, 2 Hauptclassen.

1. Classe der Erzgänge,

zu welcher folgende zu rechnen sind:

1) **Adler Flügel Stehender,** streicht durchschnittlich hora 3,4[*], fällt 60 Grad in West.

2) **Alter Molch Stehender,** streicht hora 2,6$\frac{1}{4}$; das „flachfallende Trum" fällt 58 Grad in West, das „saigerfallende" fällt 75 bis 90 Grad in West.

3) **August Flacher,** streicht hora 9,0$\frac{1}{2}$, fällt in oberen Teufen 80 bis 90 Grad in West, in niederen (8. und 9. Gezeugstrecke) 60 Grad in Ost.

4) **Benjamin Stehender,** streicht hora 1,7$\frac{3}{4}$, fällt 80 Grad in Ost.

5) **Beschert Glück Stehender,** streicht hora 1,7$\frac{3}{4}$, fällt saiger.

---

[*] Nach dem Compasse.

6) **Carl Stehender,** streicht h. 12,0, fällt 60 Grad in West.

7) **David Stehender,** streicht h. 12,1, fällt 60 Grad in West.

8) **Dorothea** oder **Grünrose Stehender,** streicht hora 1,6¼, fällt 70 Grad in Ost.

9) **Ernestus Stehender,** streicht hora 11,6, fällt 45 Grad in West.

10) **Felix Flacher,** streicht hora 12,0¾, fällt 60 Grad in West.

11) **Frisch Glück Flacher,** streicht hora 10,6, fällt 80 bis 90 Grad bald in Ost, bald in West.

12) **Gelobt Land Stehender,** streicht hora 3,0¹/₂, fällt 46 Grad in West.

13) **Himmelsfürst Stehender,** (Alt Himmelsfürst Stehender, Jung Einhorn Stehender,) streicht hora 1,5, fällt 75 Grad in Ost.

14) **Hoffentlich Stehender,** streicht hora 12,5, fällt 52 Grad in West, (wahrscheinlich identisch mit dem Jupiter Stehenden.)

15) **Horchhalde Stehender,** streicht hora 11,4 — 12,4, fällt 55 Grad in West.

16) **Jung Lade des Bundes Flacher,** streicht hora 12,6, fällt 50 Grad in West.

17) **Jung Niclas Stehender,** streicht hora 3, fällt 75 Grad in West.

18) **Jupiter Stehender,** streicht hora 12,2¹/₂, fällt 52 Grad in West.

19) **Kalb Stehender,** streicht hora 12,0¾, fällt 60 Grad in West.

20) **Lade des Bundes Flacher,** streicht hora 12,4¹/₂, fällt 50 Grad in West.

21) **Lieber Bruder Flacher,** streicht hora 10,7, fällt 50 Grad in West.

22) **Milde Hand Gottes Flacher,** streicht hora 12,5, fällt 45 Grad in West.

23) **Moritz Flacher,** streicht hora 11,4, fällt 60 Grad in West.

24) **Nathan Stehender,** streicht hora 1,3, fällt 80 Grad in Ost.

25) **Nimm dich in Acht Flacher,** streicht hora 12, fällt 50 Grad in West.

26) **Prinz Albert Stehender,** streicht hora 1, fällt 60 Grad in West.

27) **Richter Stehender,** (vielleicht Grünrose Stehender) streicht hora 1,2, fällt 85 Grad in Ost.

28) **Römischer Adler Flacher,** streicht hora 9,6, fällt 60 Grad in West.

29) **Schneider Stehender,** streicht hora 12,4, fällt 45 Grad in West.

30) **Schweinskopf Flacher,** streicht hora 11,6, fällt 55 Grad in West.

31) **Seidenschwanz Stehender,** (Wilhelm Stehender) streicht hora 12,7, fällt 50 Grad in West.

32) **Sigismund Flacher,** streicht hora 11,5, fällt 60 Grad in West.

33) **Silberfund Stehender,** streicht hora 1,4, fällt 80 Grad in West, resp. in Ost.

34) **Teich Flacher,** streicht hora 12,2½, fällt 60 Grad in West.

35) **Theodor Flacher,** (Ernst Stehender) streicht hora 12,4¼, fällt 50 Grad in West.

36) **Unverhofft Stehender,** streicht hora 1,4, fällt 65 Grad in West.

37) **Verborgen Flacher,** streicht hora 9,4, fällt 65 Grad in West.

38) **Vertrau auf Gott Flacher,** streicht hor. 12,3, fällt 60 Grad in West.

39) **Vetter Michel Flacher,** streicht hora 9,3¼, fällt 55 Grad in West.

40) **Weissblühend Glück Stehender,** streicht hora 12,4, fällt 70 Grad in West.

41) **Weisshalde oder Schönberg Stehender,** streicht hora 1, fällt 60 Grad in West.

Es sind diese Gänge der 1. Classe durchgehends nur Stehende und Flache.

Sie fallen mit Ausnahme sehr weniger alle in West.

Sie werden alle durchsetzt und meist auch verworfen von den Gängen der 2. Classe, wie dies bei Beschreibung der letzteren noch näher angegeben werden wird.

Es kommen auch einzelne Fälle vor, dass sich die Gänge der 1. Classe einander gegenseitig durchsetzen, verwerfen oder schleppen.

Sämmtliche Gänge mit bauwürdiger Erzführung fallen in die 1. Classe mit Ausnahme des Bär Flachen. Es sind als solche besonders die im obigen Gang-Verzeichniss unter 2., 3., 6., 7., 8., 10., 11., 12., 13., 14., 15., 18., 19., 21., 24., 26., 30., 31., 33., 34., 35., 38. u. 39. aufgeführten hervorzuheben.

Die Mineralien, welche mit dem mehr oder weniger aufgelösten Nebengesteine zusammen in den Gängen der 1. Classe vorkommen, sind:

1) **Quarz,** und zwar:
   a) ein krystallinischer,
   b) ein hornsteinartiger,
2) **Opal,**
3) **Kalkspath,**
4) **Braunspath,** und zwar
   a) **Carbonites crypticus,** meist rothbraun,
   b) **Carbonites tautoclinus,** meist röthlich-weiss,
5) **Manganspath,**
6) **Schwerspath,**
7) **Flussspath,**
8) **Eisenspath,**
9) **Nakrit,**
10) **Schwefelkies,**
11) **Markasit,**
12) **Arsenikkies,**
13) **Kupferkies,**
14) **Zinkblende,**
15) **Bleiglanz,**
16) **Fahlerz,**
17) **Weissgiltigerz,**
18) **Gediegen Silber,**
19) **Silberglanz (Glaserz),**
20) **Akanthit,**
21) **Eugenglanz,**
22) **Melanglanz (Sprödglaserz),**

23) **Schilfglaserz (Freieslebenit)**,
24) **Rothgiltigerz**, und zwar
    a) **dunkles (Antimonsilberblende)**,
    b) **lichtes (Arsensilberblende)**,
25) **Xanthokon**,
26) **Federerz (Antimonglanz)**,
27) **Speiskobalt**,
28) **Rothnickelkies**,
29) **Uranpecherz**, sowie
30) **Gediegen Arsenik.**

Die Art des Auftretens dieser Mineralien ist folgende:

Ein sehr gewöhnliches Zusammenvorkommen von Mineralien in den Himmelsfürster Gängen ist das von meist krystallinischem, zuweilen auch hornsteinartigem Quarz, Kalkspath, rothbraunem Braunspath (Carbonites crypticus), Schwefelkies, Zinkblende, Bleiglanz und kleinen Partien von Arsenikkies und Kupferkies, in den verschiedensten Verhältnissen und meist ganz ordnungslos mit einander gemengt — ein Gemenge, welches der kiesigen Bleiformation entspricht, wenn man die jetzt ganz allgemein angenommene Eintheilung der Freiberger Erzgänge in solche

1) der edlen Quarzformation,
2) der kiesigen Bleiformation,
3) der edlen Bleiformation oder edlen Braunspathformation, und
4) der barytischen Bleiformation oder Schwerspathformation

auch hier einführt.

Bei Himmelsfürst Fdgr. scheint die kiesige Bleiformation lediglich in dem Gebirgstheile, der das Liegende des Granatglimmerschiefers abgiebt, in diesem Gebirgstheile aber in allen überhaupt erzführenden Gängen vorzukommen.

Uebrigens tritt die kiesige Bleiformation in dem bezeichneten Gebirgstheile meist nur an den Salbändern der Gänge auf, während deren Mittel von der edlen Braunspathformation (edlen Bleiformation) ausgefüllt ist. Selten findet das umgekehrte Lagerungs-Verhältniss statt.

Tritt neben der kiesigen Bleiformation auch die edle Braunspathformation auf, so ist jene gewöhnlich durch Glaserz, Weissgiltigerz, Fahlerz und Rothgiltigerz, meist aber durch das „Verglastsein" der Zinkblende oder durch hohen Silbergehalt des Schwefelkieses und des Bleiglanzes wesentlich veredelt.

Die edle Braunspathformation, wie sie bei Himmelsfürst Fdgr. gewöhnlich auftritt, besteht in der Hauptsache aus Quarz, Kalkspath, röthlichweissem Braunspath, Manganspath und Bleiglanz, sowie weniger rothbraunem Braunspath, Schwefelkies, Eisenkies und Zinkblende. Diese Mineralien finden sich oft regellos unter einander gemengt, oft aber auch lagerförmig angeordnet. Bei einer derartigen Anordnung ist fast stets der Quarz, wenn solcher überhaupt vorhanden, als äusserstes Glied anzutreffen: der Kalkspath und Braunspath dagegen finden sich meist in der Mitte der Gangmasse, den mächtigsten Theil derselben ausmachend und nicht selten Drusen bildend. Die übrigen der genannten Mineralien zeigen selten Uebereinstimmung in der Succession ihrer Lagerung.

Ist an den Salbändern die kiesige Bleiformation vertreten, so scheint sich der Bleiglanz der edlen Braunspathformation besonders häufig in deren Nähe abgelagert zu haben, wie man denn auch diese Formation durchschnittlich erzreicher und namentlich in ihrem Bleiglanze silberreicher anzutreffen pflegt, wenn die kiesige Bleiformation gleichzeitig mit auftritt.

Quantitativ untergeordnet hat man in der edlen Braunspathformation auftretend gefunden:

Gediegen Silber,

gewöhnlich in der Mitte des Ganges in Drusen auf dem Braunspath, Kalkspath und Manganspath aufsitzend, in welchem Falle es meist zähnig, haar- und drahtförmig gestaltet ist, oder auch in irgend welchem Theile des Ganges in Platten, parallel zu dessen allgemeiner Richtung eingelagert; seltner traubenförmig oder in unregelmässigen Klumpen oder als zarten Anflug. Es kommt verhältnissmässig oft in grösseren Partien zusammen vor, wie es namentlich auf dem Teich

Flachen, Felix Flachen, Theodor Flachen und auf der Kreuzung des August Flachen mit dem Silberfund Stehenden der Fall gewesen ist.

Rothgiltigerz, (dunkles, nur selten lichtes),
Weissgiltigerz, Glaserz und **Fahlerz**

liegen ebenfalls gewöhnlich im Braunspath, und zwar meist eingesprengt und angeflogen in und mit Bleiglanz, selten in derben Massen. Nur vom Vertrau auf Gott Flachen ist mir ein solches Vorkommen des Glaserzes in derben und plattenförmigen Massen bekannt geworden. Sehr gewöhnlich ist übrigens das gediegene Silber von etwas Glaserz überzogen.

Eugenglanz, Melanglanz,
Schilfglaserz, sowie **Akanthit**

hat man nur an sehr vereinzelten Punkten, und zwar wohl immer nur in der Nähe von reichen Silberanbrüchen gefunden, Eugenglanz z. B. auf dem Felix Flachen, Melanglanz auf dem David Stehenden über 7. Gezeugstrecke, auf dem Jupiter Stehenden, dem Wiedergefunden Glück Stehenden und Felix Flachen, Schilfglaserz und Akanthit auf dem Kreuze des Silberfund Stehenden mit dem August Flachen, gemeinsam mit einigen kleinen Stücken Uranpecherz.

Federerz

hat man in den Drusen des Kalk- und Braunspathes, wie es scheint auch stets in Gesellschaft von gediegenem Silber, angetroffen, z. B. auf dem Wiedergefunden Glück Stehenden unter 7. Gezeugstrecke, 12 Lachter vom 6. Beweisschacht in Süd, ferner auf dem Theodor Flachen über 1. Gezeugstrecke, 15 Lachter vom 2. Johann Friedrich Schacht in Nord, und auf dem Seidenschwanz Flachen.

Rothnickelkies fand sich auf dem Sigismund Flachen in der edlen Braunspathformation und auf dem Teich Flachen in Begleitung von Bleiglanz und Braunspath.

Der Fundort des nach Naumann *) und Weiss **) bei Himmelsfürst Fdgr. vorgekommenen Xanthokons ist mir nicht bekannt.

---

*) Naumann, Elemente der Mineralogie, Seite 459.
**) Weiss, die Mineralien der Freiberger Erzgänge.

Wie bemerkt, bildet beim Zusammenvorkommen der kiesigen Bleiformation mit der edlen Braunspathformation jene fast stets, an den beiden Salbändern liegend, das äussere Glied; nur ausnahmsweise ist es umgekehrt. Erstgenannte Formation wird sehr häufig von Trümern der letzteren durchsetzt, während der umgekehrte Fall nie beobachtet worden ist. Die edle Braunspathformation enthält vielfach Bruchstücke von Nebengestein und von Gebilden der kiesigen Bleiformation, während sich in dieser nur Nebengesteinsbruchstücke finden.

Diese offenbar wesentliche Verschiedenheit des Alters von beiden Gebilden und die mit der normalen kiesigen Bleiformation übereinstimmende Zusammensetzung des älteren dürfte wohl füglich berechtigen, dieses eben als ein Gebilde der kiesigen Bleiformation anzusehen und nicht, wie diess zeither geschah, als ein Glied der edlen Braunspathformation.

Beide Formationen werden, namentlich auf dem Teich Flachen, dem Vertrau auf Gott Flachen, dem Felix Flachen und dem David Stehenden, nicht selten begleitet und nach allen Richtungen durchschwärmt von Schwerspathtrümern, die zuweilen bis zu mehreren Zollen mächtig sind.

Dieser Schwerspath ist geradschaalig, bald röthlichweiss, bald reinweiss; er bildet oft Drusen mit grossen tafelförmigen Krystallen, und auf dem Teich Flachen auch zuweilen mit angeflogenem Glaserz und gediegenem Silber; so ist z. B. ein grosser Theil des gediegenen Silbers, welches der Teich Flache bei den Glasschächten zwischen 1. und 2. Gezeugstrecke geliefert hat, in der Weise vorgekommen.

Werner *) giebt an, es sei bei Himmelsfürst Fdgr. die „Gediegenarsenik- und Rothgiltigerz-Formation" vorgekommen, welche namentlich Schwerspath, Kalkspath, gediegen Arsenik und Rothgiltigerz enthalte. Mohs **) führt an, es sei auf dem Teich Flachen weisser Speiskobalt und Kupfernickel mit lichtem Rothgiltigerz und gediegenem Silber in grünem Flussspath gefunden worden.

---

*) Werner, neue Theorie von der Entstehung der Gänge, §. 122.
**) Mohs, Beschreibung der Grube Himmelsfürst, Seite 112.

Sehr häufig wird sowohl die kiesige Bleiformation, als
auch die edle Braunspathformation von schmalen Trümern
von Eisenspath durchsetzt, die die Gangmasse nach allen
Richtungen hin durchschneiden und zuweilen Schwefelkies in
sich einschliessen.

Auf dem Beschert Glück Stehenden und dem Dorothea
Stehenden hat man zwischen der kiesigen Bleiformation und
den Salbändern, also als äusserstes Glied eine Gangmasse
gefunden, die aus Hornstein, Opal, Nakrit und wohl noch
anderen thonigen Gebilden bestand und, wenigstens auf den
Dorothea Stehenden, von Trümern der kiesigen Bleiformation
durchzogen war. Es enthielt hier der Hornstein Bruchstücke
der gleichzeitig im Gange auftretenden kiesigen Bleiformation
während diese ihrerseits Einschlüsse von jenen thonigen Mineralien zeigte.

2. Classe der Erzgänge,

zu welcher folgende zu rechnen sind:

1) **Bär Flacher,** streicht hora 9,7½, fällt 70 **Grad in West.**
2) **Carl Morgengang,** streicht hora 3,5¾, fällt 76 Grad in
Nord-West.
3) **Concordia Morgengang,** streicht hora 6,2, fällt 80 Grad
in Süd.
4) **Donat Spat,** streicht hora 8,6, fällt 65 Grad in Süd-West.
5) **Gelobt Land Spat,** streicht hora 8,2½, fällt 46 Grad
in Süd-West.
6) **Glückauf Morgengang,** streicht hora 4,5¼, fällt 70
Grad in Nord.
7) **Jonas Spat,** streicht hora 8,6¼, fällt 75 Grad in
Süd-West.
8) **Juno Spat,** streicht hora 6,7¾, fällt 75 Grad in Süd.
9) **Neuglück Spat** (Wegweiser Spat), streicht hora 8,7¾,
fällt 75 Grad in Süd-West.
10) **Pelikan Spat,** streicht hora 7,0¼, fällt 90 Grad.
11) **Saturnus Spat,** streicht hora 7,0¾, fällt 60 Grad in Süd.
12) **Schwarzer Spat,** streicht hora 7,0, fällt 75 Grad in Süd.
13) **Stephan Spat,** streicht hora 7,2¼, fällt 65 Grad in
Süd-West.

14) **Uranus Spat,** streicht hora 8,7. fällt 60 Grad in Süd-West.

15) **Wille Gottes Spat,** streicht hora 8,5½, fällt 68 Grad in Süd-West.

Es sind diese Gänge der 2. Classe, mit Ausnahme des hora 9,7½ streichenden Bär Flachen, alle Morgen- und Spatgänge; sie fallen fast alle in Süd. Sie durchsetzen sämmtlich die Gänge der 1. Classe und verwerfen sie fast durchgehends mehr oder weniger.

Gegenüber jenen, als den eigentlichen Erzträgern, besteht die Ausfüllung der Gänge der 2. Classe fast nur aus **Nebengestein.** Einige Erzführung findet sich fast alleinig in der Nähe von Kreuzen mit Gängen der 1. Classe.

Besteht die Gangmasse nicht aus Nebengestein, so hat sie bald den Charakter der kiesigen Bleiformation, bald den der edlen Braunspathformation, bald den, und diess auffallend oft, jener oben beschriebenen Schwerspathgebilde mit Glaserz und gediegenem Silber. Doch bilden die characteristischen Mineralien dieser verschiedenen Formationen nie so deutlich getrennte Glieder der Gangmasse, wie bei den Gängen der 1. Classe, sondern sie treten, wenn sie zusammen vorkommen, meist in buntem Gemenge mit einander und mit Stücken des Nebengesteins auf.

Die auf jenen Gängen selten vorkommenden Mineralien, nehmlich Uranpecherz, Federerz, Eugenglanz, Melanglanz, Schilfglaserz, Speiskobalt und Rothnickelkies, scheinen auf den Gängen der 2. Classe nirgends gefunden worden zu sein; dagegen verhältnissmässig oft Kupferkies, besonders auf dem Juno Spat und Neuglück Spat.

Opal und Nakrit sind auf dem Donat Spat vorgekommen.

Der Bär Flache, der erzreichste von den Gängen der 2. Classe, ist besonders wegen seines Gehaltes an Silbererzen beachtenswerth, welche meist nesterweise in der sonst tauben Gangmasse, und meist eingeschlossen von Bruchstücken des Nebengesteins vorkommen, und zwar auch, wie es scheint, immer in nicht zu grosser Entfernung von Kreuzen der Gänge 1. Classe (Wiedergefunden Glück Stehender, Grünrose Stehender, Clemens Stehender, Frischglück Stehender).

Vertheilung des Erzreichthums auf den Gängen.

Die Erzführung der Himmelsfürster Gänge fällt fast ausschliesslich in das Gebiet des Himmelsfürster Gneisses. In den Brander Gneiss hinein reicht das Grubenfeld von Himmelsfürst Fdgr. nicht weit, und es ist desshalb das Verhalten jener Gänge darin wenig durch Baue untersucht, soweit dies aber nach dieser östlichen Richtung hin geschehen ist, hat man, mit Ausnahme des Gelobt Lander Feldtheiles und allenfalls des Teich Flachen, die Gänge schon bei 150 bis 200 Lachtern von dem Gebiete des eigentlichen Brander Gneisses, also schon in demjenigen Gebietstheile des Himmelsfürster Gneisses, worin dieser durch eine ihm sonst ungewöhnliche Parallelstructur dem Brander Gneiss ziemlich ähnlich ist, in ihrer Erzführung wesentlich schlechter, oder vielmehr meist ganz taub gefunden.

Es fällt dieser Erfahrungssatz in der Hauptsache zusammen mit dem im Folgenden näher beschriebenen, dass die Gänge im Liegenden des Granatglimmerschiefers am reichsten sind, und dass ihre Erzführung überhaupt meist innerhalb einer etwa 100 bis 200 Lachter breiten Zone in diesem Liegenden auftritt, mit Ausnahme wiederum des Gelobt Lander Erzreviers.

Wir finden nehmlich nach südwestlicher Richtung hin die Himmelsfürster Erzregion in der Hauptsache durch die Granatglimmerschieferzone abgeschlossen, und nur im nächsten Hangenden derselben, wo noch Himmelsfürster Gneiss auftritt, befinden sich noch einige nicht unwichtige Erzmittel. Es ergiebt sich diess nicht nur aus der Betrachtung der Gänge in ihrer Gesammtheit, sondern namentlich auch durch Anschauung der einzelnen Gänge auf ihren flachen Rissen. Sie zeigen ihre Erzführung fast alleinig in dem Himmelsfürster Gneisse und zwar am reichsten im Liegenden des Granatglimmerschiefers. Es sind in dieser Gegend die Gänge von verhältnissmässig bedeutender Mächtigkeit, wenig zertrümert und weniger mit Nebengestein, als vielmehr meist mit Gangarten und Erzen ausgefüllt.

Dieses günstige Verhalten der Gänge hört aber sofort auf, wenn sie an den Granatglimmerschiefer kommen und hier plötzlich die früher beschriebene Veränderung in der Spaltung zeigen. Die Erzführung ist dann oft wie abgeschnitten.

Es ist nicht nöthig, Beispiele für dieses verschiedene Verhalten der Gänge im Granatglimmerschiefer und in dem darunter liegenden Gneisse zu geben, denn es lässt sich an jedem Gange mehr oder weniger gut beobachten, am auffallendsten ist es aber wohl beim Vertrau auf Gott Flachen.

Im Wegefahrter Gneisse ist zwar, soweit bekannt, die Gangspaltung vollkommener, die Gangausfüllung compakter und der Erzgehalt grösser, als in dem Granatglimmerschiefer, doch nie in dem Maasse, wie es in dem Himmelsfürster Gneisse, und zwar namentlich in dem das Liegende des Granatglimmerschiefers abgebenden, der Fall ist.

Soweit man aus den bisherigen Aufschlüssen weiss, hört bei den meisten Gängen die Erzführung nach Südwest hin vollständig auf, sobald sie in den Granatglimmerschiefer treten, so beim David Stehenden, Prinz Albert Stehenden, Vertrau auf Gott Flachen, Teich Flachen, Frischglück Flachen und August Flachen, Alt Himmelsfürst Stehenden, Jupiter Stehenden, Grünrose Stehenden, Felix Flachen; bei anderen Gängen legt sich im Hangenden des Granatglimmerschiefers die Erzführung wieder an und setzt bis in die Nähe des Wegefahrter Gneisses und theilweise noch ein Stück in diesen hinein fort, so z. B. beim Wiedergefunden Glück Stehenden, Carl Stehenden, Alt Molch Stehenden, Bär Flachen, Theodor Flachen, Lieber Bruder Flachen, Jonas Spat; doch sind die Erze im Hangenden des Granatglimmerschiefers im Durchschnitt nie so reich und namentlich nie so massig vorgekommen, wie im Liegenden desselben.

Man schreibt gewöhnlich das Aufhören der Erze nach Südwest hin einer ungünstigen Einwirkung des Bär Flachen zu, doch müsste man dann diese Erklärung in oberen Teufen auch auf eine Entfernung von über 150 Lachter anwenden.

Jedenfalls beachtenswerth ist der Umstand, dass die ganze Himmelsfürster Erzregion in den Gebirgstheil fällt, der so vielfach von Gängen und Trümern des rothen Gneisses durchschnitten ist. Gerade das erzreiche Liegende des Granatglimmerschiefers ist besonders reich an rothem Gneiss, eben so das Gelobt Lander Erzrevier.

Im Einzelnen dagegen habe ich nirgends eine Verschiedenheit im Einflusse des rothen und grauen Gneisses als Nebengestein der Gänge beobachten können; setzt der Gang aus einem Gestein in das andere, so verändert sich zwar die Erzführung häufig, doch in so verschiedener Weise, dass ich ein Gesetz darin nicht aufzufinden vermochte, worin möglichenfalls die geringe Mächtigkeit der auftretenden Massen des rothen Gneisses mit Schuld sein mag.

Wie früher erwähnt wurde, haben die Kreuzungen der Gänge der 2. Classe, mit denen der 1. Classe einen entschieden günstigen Einfluss auf die Erzführung jener.

Die Gänge der 1. Classe scheinen sich bei ihren Kreuzungen gewöhnlich etwas zu schleppen, und sie zeigen dabei meistens ebenfalls einen gegenseitig günstigen Einfluss in Bezug auf die Erzführung. Es ist diess z. B. zu beobachten gewesen auf der Schleppung des Wiedergefunden Glück Stehenden mit dem Felix Flachen zwischen dem 1. und 3. Hungerschachte, wo der Felix Flache ganz besonders reich war. Ebenso auf dem Schaarkreuze des Frisch Glück Stehenden mit dem August Flachen. Vor Allem aber ist hier als Beispiel die Kreuz- und Schleppungsregion des Silberfund Stehenden und Kalb Stehenden mit dem August Flachen anzuführen, welche in den Jahren 1857 bis 1860 allein

186000 Thaler an gediegen Silber

und

49000 Thaler an Scheide- und Wascherzen,

incl. dessen, was sich noch in der Nähe der Schleppung auf dem August Flachen und dem Kalb Stehenden an Erzen fand, geliefert hat.*)

---

*) Seitdem hat dieselbe Region bis Ende 1867 noch für 130000 Thaler gediegenes Silber hergegeben.

Anmerkung d. Red.

So verschieden sich oft die einzelnen Gänge in verschiedener Tiefe verhalten, so lässt sich doch im Allgemeinen ein Zu- oder Abnehmen des Erzreichthums oder auch nur eine Veränderung des Formationscharacters nach der Tiefe zu durchaus nicht nachweisen.

Es ist bereits früher bemerkt worden, dass nicht nur die kiesige Bleiformation durch das gleichzeitige Vorhandensein der edlen Braunspathformation entschieden angereichert ist, sondern dass auch umgekehrt diese durch die Gegenwart von jener günstig beeinflusst zu sein scheint. In dem Gebiete, wo nur die kiesige Bleiformation auftritt, sind edle Erze ausserordentlich selten, und der Bleiglanz ist arm an Silber. Es beträgt dieser Silbergehalt der kiesigen Bleiformation z. B. auf dem Himmelsfürst Stehenden bei 60 ℔ Bleigehalt 14 ℔theil*), auf dem Alt Molch Stehenden und Seidenschwanz Stehenden bei gleichem Bleigehalt 24 ℔theil; Dürrerze liefert man von diesen Gängen nur im Gehalte von einigen wenigen ℔theilen.

Dagegen führt die kiesige Bleiformation da, wo sie von edler Braunspathformation begleitet wird, Kiese mit ansehnlichem, ja bis zu 20 ℔theile betragendem Silbergehalte und stark verglaste silberreiche Blende ganz gewöhnlich. Vom Leo Stehenden z. B. lieferte sie unter solchen Umständen Dürrerz mit 60 bis 65 ℔theilen Silber und 60pfündigen Bleiglanz mit ungefähr demselben Silbergehalt.

Die edle Braunspathformation ist nordöstlich, also im Liegenden von Granatglimmerschiefer, d. h. da, wo die kiesige Bleiformation zugleich mit vertreten ist, namentlich durch den Silbergehalt des Bleiglanzes meist wesentlich reicher, als im Hangenden, wo diess nicht der Fall ist.

Das bleiglanzige Erzgemenge (bleische Scheideerz) der edlen Braunspathformation enthält auf dem Wiedergefunden Glück Stehenden im Gebiete der kiesigen Bleiformation bei 15 bis 20 ℔ Bleigehalt 100 bis 150℔theil Silber, dagegen enthält das Bleiglanzgemenge vom Wiedergefunden Glück Stehenden aus dem Himmelsfürster Gneisse im Hangenden

---

*) 1 ℔ = 100 ℔theile = 500 Gramm.

des Granatglimmerschiefers, d. h. daher, wo keine kiesige Bleiformation auftritt, bei 15 bis 20 ℔ Bleigehalt nur etwa 20 ℔theil Silber. Der Carl Stehende, nur in diesem Gebiete bekannt, enthält Scheide-Erze von 36 ℔ Blei- und 25 ℔theilen Silbergehalte — wenig gegen den durchschnittlichen Silbergehalt der edlen Braunspathformation im Gebiete der gleichzeitig vorhandenen kiesigen Bleiformation.

Es ist, wie bemerkt, der grössere Silbergehalt der kiesigen Bleiformation bei gleichzeitigem Dasein der edlen Braunspathformation ganz entschieden, während der grössere Reichthum der letzteren bei Gegenwart von kiesiger Bleiformation doch nicht so bestimmt nachzuweisen und als Gesetz anzunehmen ist.

Stellt man die Umstände einander gegenüber, unter welchen man hier einen grösseren, dort einen geringeren Erzreichthum beobachtete, ohne desshalb etwa diese verschiedenen Umstände als Ursachen verschiedenen Erzreichthums anzunehmen, so erhält man folgende Resultate:

Umstände,

unter denen der Erzreichthum

grösser		geringer
	ist	
1) Normaler Himmelsfürster Gneiss als Nebengestein	gegenüber	Brander Gneiss und ihm ähnlicher Himmelsfürster Gneiss.
2) Himmelsfürster Gneiss als Nebengestein	„ „	Granatglimmerschiefer und Wegefahrter Gneiss.
3) Nähe des Granatglimmerschiefers	„ „	grösserer Entfernung von demselben.
4) Auftreten von rothem Gneiss	„ „	Abwesenheit desselben (nur im Grossen zu beobachten).
5) Weite regelmässige Gangspaltung	„ „	Zertrümerung.
6) Kreuze von Gängen der 2. Classe mit solchen der 1. (günstig für jene)		
7) Schleppung von Gängen der 1. Classe mit einander		
8) Bei kiesiger Bleiformation: die Anwesenheit der edlen Braunspathformation	„ „	Abwesenheit der letzteren.
9) Bei edler Braunspathformation: die Anwesenheit der kiesigen Bleiformation	„ „	Abwesenheit der letzteren.

II.

Ueber die Erzführungsverhältnisse der Gänge im südlichen Theile der Freiberger Revier, besonders bei Himmelsfürst Fdgr.

Von **Herrmann Müller.**

Hierzu Tafel II.

Die in den letzten vier Decennien bei den Gruben der Brander Revierabtheilung, namentlich bei den wichtigen Gruben Himmelsfürst, Vereinigt Feld, Einigkeit, Beschert Glück und Herzog August vorgekommenen grossen Wechselfälle des Glücks in der Ausbeutung der Erzgänge haben wiederholt die Aufmerksamkeit der betheiligten Kreise auf die geognostischen Verhältnisse jenes Reviertheiles gelenkt und insonderheit den Wunsch rege erhalten, hier irgend ein Anhalten zu finden, welches mit einiger Zuverlässigkeit als Führer bei der Aufsuchung oder Wiederausrichtung bauwürdiger Erzmittel in dem vielverzweigten Gangnetze der dortigen Gegend dienen könnte. Allein ungeachtet der vielseitigen Aufschlüsse, welche seit Jahrhunderten durch den Grubenbetrieb in jenem Reviertheile bewirkt worden sind, hat man doch bis jetzt noch nicht zu einer klaren Voraussicht aller der Umstände zu gelangen vermocht, welche auf der einen Seite mit Erzreichthum, auf der andern Seite mit Erzarmuth oder fast gänzlicher Sterilität der Gänge in Verbindung stehen. So hat man sich, wenn die in Abbaue oder Verfolgung begriffenen

Erzmittel unerwartet aussagten, oft in einem rathlosen Zustande befunden und sich behufs der Wiederausrichtung dem neckenden Zufalle überlassen müssen. Allerdings fehlt es nicht an vielfachen Beobachtungen, welche auf eine gewisse Regel- und Gesetzmässigkeit in der Erzvertheilung auf den Gängen hinzuweisen scheinen, aber daneben existiren so viele widersprechende Ausnahmefälle, dass jenen nur ein beschränkter Werth für die bergmännische Praxis beizulegen ist. Der Missmuth über diese unzuverlässige Hilfe der Geognosie für den Grubenbetrieb war bisweilen um so grösser, je sicherer man vorher vielleicht schon geglaubt hatte, irgend ein durchgreifendes, allgemein verwerthbares Gesetz der Gangveredlungen entdeckt zu haben. Diess darf indessen nicht abhalten, die Sache aufs Neue einer Erörterung zu unterziehen und zu versuchen, ob sich nicht dennoch, wenn auch in beschränktem Maase und für einzelne Localitäten, ein für die Praxis brauchbares Anhalten gewinnen lässt. In solcher Absicht soll hier ein Verhältniss der Erzführung auf den Gängen südwestlich von Brand, insbesondere bei der Grube Himmelsfürst, näher beleuchtet werden, welches bisher nur wenig bekannt und beachtet, aber gleichwohl von der grössten Wichtigkeit für die Entwickelung des dortigen Bergbaues gewesen ist und es auch in der Zukunft zu bleiben verspricht.

Es ist eine bekannte Thatsache, dass der aus einer grossen Anzahl wichtiger, reicher Erzgänge constituirte Gangzug der edeln Braunspathformation südlich von Erbisdorf und südwestlich von Sct. Michaelis, und zwar ungefähr jenseits einer, in flachem Bogen, von dem Siegismundschachte über den Sct. Niclas'er Tageschacht nach dem Freudensteinschachte gezogenen Linie, aufhört, im Allgemeinen bauwürdig zu sein, wie eine grosse Anzahl erfolgloser Versuche nach dieser Richtung hin ausser Zweifel gesetzt hat. Diess erscheint um so auffälliger, als zunächst innerhalb dieser Grenzlinie viele Gänge, so namentlich alle Hauptgänge von Himmelsfürst und Reichem Bergsegen von jeher den bedeutendsten Reichthum an Erzen enthalten haben. Zwar sind noch einige Erzpunkte in geringer und grösserer Entfernung von dieser Scheide der Erzführung bekannt, so bei den Gruben Wilhelmine, Hoffnung

Gottes und Himmlischer Vater zu Langenau, sowie Sct. Georg zu Müdisdorf, allein sowohl ihrer Zahl, als ihrer Wichtigkeit nach treten diese gegen die vorhin erwähnten so sehr in den Hintergrund, dass durch sie die allgemeine Regel nicht im Mindesten verwischt werden kann, um so weniger, als einige dieser scheinbaren Ausnahmen sich durch die obwaltenden localen Verhältnisse erklärlich machen. Für jenes übereinstimmende Verhalten der Gänge von Himmelsfürst und Reichem Bergsegen sind verschiedene Erklärungen zu geben versucht worden. In früherer Zeit betrachtete man die in dem westlichen Feldtheile von Himmelsfürst aufsetzende sogenannte faule Lage als die Grenze und gleichsam als den Räuber aller bauwürdigen Erzführung der dortigen Gänge, später eine in der Nähe dieser faulen Lage aufsetzende Glimmerschieferzone, bis in neuerer Zeit diese Annahme durch die Ausrichtung bauwürdiger Erzmittel auf dem Wiedergefunden Glück Stehenden, dem Carl Stehenden und dem seigern Alt Molchner Stehenden, jenseits gedachter Lage und Zone, unhaltbar wurde. Auch hat man in den in jener Gegend aufsetzenden Spatgängen, in dem Weissen Spate, Schwarzen Spate, Jonas Spate und Bär Flachen zum Theil die Ursache jener daselbst beginnenden Sterilität vermuthet und hiernach immer auf eine Besserung in grösserer Entfernung vom letztern gehofft. Die behufs der Aufnahme einer Specialkarte des erzgebirgischen Gneissgebietes von mir in dem Jahre 1862 vorgenommene geognostische Untersuchung jener Gegend hat mich aber in der schon früher gewonnenen Ansicht bestärkt, dass das fragliche Gangverhalten im Wesentlichen durch die dort obwaltenden Gesteinsverhältnisse bedingt sei, und dass insbesondere der grosse Erzreichthum der Gänge in der bezeichneten Region hauptsächlich in einer Contaktveredlung an der Grenze verschiedenartiger Gesteine beruhe, wie solche bei den Gängen von Segen Gottes zu Gersdorf und von Erzengel Michael zu Mohorn an der Grenze des Gabbro's, beziehentlich des Gneisses mit dem Thonschiefer schon seit längerer Zeit bekannt und neuerdings wiederholt bestätigt worden ist. Hier in der Brander Revierabtheilung ist es aber nicht der Contakt verschiedener Gebirgsformationen, welcher Einfluss auf die Erzführung der Gänge geäussert hat, sondern der Contakt verschiedener Glieder der Gneissformation, deren petrographische Verschiedenheit zwar nicht so grell und so scharf abgegrenzt hervortritt, als bei jenen Gebirgsformationen, aber immerhin leicht erkannt und sicher bestimmt werden kann.

Ich kann mich hier um so mehr auf einen kurzen Abriss der einschlagenden allgemeinen geognostischen Verhältnisse beschränken, als die (in vorstehender Abhandlung niedergelegten) Ergebnisse der im Jahre 1863 vom dermaligen Herrn Berginspector Förster ausgeführten Specialuntersuchung des Himmelsfürster Grubenfeldes in dieser Beziehung den Mangel an Vollständigkeit ersetzen.

Wenn man von der Stadt Freiberg aus auf der Annaberger Strasse in südlicher Richtung die innere Revierabtheilung durchschreitet, so bewegt man sich anfänglich bis in die Gegend der drei Kreuze im Gebiete des normalen, durch seine langgestreckten und breiten, schwarzen Glimmerflasern ausgezeichneten Freiberger grauen Gneisses, der hier mit horizontaler oder schwebender, sanft gegen Süd geneigter Schichtung gelagert ist.

Darauf folgt weiter südlich, über Brand hinaus bis in die Mitte von Erbisdorf, der bekannte Brander graue Gneiss, der sich von jenem, bei gleicher, wesentlich aus Quarz, Orthoklas und Magnesiaglimmer bestehender Zusammensetzung, durch mehr kleinkörniges Gefüge seiner Bestandtheile und an der verwitterten Oberfläche oft durch stängliche Struktur unterscheidet. In den Grubenfeldern von Herzog August und Beschert Glück meist nur schwach, unter 5 bis 15 Grad gegen Süd oder Südwest sich verflächend, nimmt derselbe weiter südlich bei Vereinigt Feld und Einigkeit ein etwas stärkeres, bis zu 30 Grad steigendes südliches, beziehentlich südwestliches Fallen an.

Südlich von Erbisdorf bis an den Nordrand des Freiwaldes einerseits, und südwestlich von Sct. Michaelis bis zu der die flache Thalsenkung von Himmelsfürst gegen Südwest begrenzenden Anhöhe anderseits verbreitet sich eine in der

Richtung des allgemeinen Schichtenstreichens lang ausge-
dehnte Masse von jüngerem grauen Gneiss. sogenanntem
Himmelsfürster oder Müdisdorfer Gneiss. der sich
durch eine körnigschuppige Struktur und durch den Gehalt
von zwei verschiedenen Feldspäthen, einem plagioklastischen
Feldspath und dem gewöhnlichen Orthoklas, wesentlich cha-
rakterisirt. In seiner Längenerstreckung ist derselbe gegen
Nordwest hin bis nach Linda. gegen Südost hin bis auf die
Anhöhe zwischen Berthelsdorf und Weigmannsdorf zu ver-
folgen. Dieser Gneiss bildet also das Nebengestein der
wichtigen Erzniederlagen der alten Gruben Himmelsfürst
sammt zugeschlagenen Zechen und Reicher Bergsegen. Seine
Schichtung verfolgt im Felde letzterer Grube das Streichen
hora 6,4 — 7.4. welches sich im östlichen Feldtheile von
Himmelsfürst allmählich in die Stunden 8 — 9, und im westlichen Feldtheile nurgenannter Grube in die Stunden 9,4 bis
10,2 umwendet. bei einem Fallen von 20 bis 40 Grad gegen
Süd. beziehentlich Südwest. wovon das flachere Fallen mehr
gegen das Liegende, das steilere Fallen mehr gegen das Hangende hin *) zu beobachten ist.

Gegen Süd und Südwest begrenzt den Himmelsfürster
Gneiss eine breite und weit erstreckte Region von grob-
und krummschiefrigem. glimmerreichem. älterm grauen Gneiss.
Wegefahrter Gneiss. welche. der allgemeinen Architektur
des hiesigen Gneissgebietes sich fügend. im westlichen Theile
der Freiberger Revier einen weiten. fast halbkreisförmigen
Bogen aus der Gegend von Weigmannsdorf über den Freiwald.
Niederlangenau. Linda. Oberschöna. Wegefahrt. Bräunsdorf.
Langhennersdorf bis Grossschirma beschreibt. Ungefähr in
der Mitte ihrer Erstreckung. zwischen Linda und Ober-
reichenbach. besitzt dieselbe die grösste Breite von nahezu
einer halben Meile. während sie gegen Nord und Nordost
hin sich verschmälert, bei Langhennersdorf nicht viel über
1200 Lachter beträgt und im Muldenthale unterhalb der
Grube Churprinz zu endigen scheint. Bei Niederlangenau ist
sie noch sehr breit. aber gegen Oberlangenau, Mönchenfrei

---

*) Hier steigt dasselbe in tiefern Sohlen zum Theil bis zu 60 Grad.

und Müdisdorf hin wird sie durch südlich vorliegende jüngere Gneissbildungen eingeengt, dergestalt, dass sie beim Reichen Bergsegen nur noch etwa 250 Lachter breit auftritt und bei dem obersten Gute von Weigmannsdorf sich gänzlich auskeilt. In ihrer inneren Architektur zeigt sich diese Gneissbildung übereinstimmend mit den vorhin erwähnten innern Gneissmassen. Das Schichtenstreichen läuft der beschriebenen, convexen Grenzlinie im Allgemeinen parallel, während das von 20 bis 45 Grad schwankende Fallen zwischen Weigmannsdorf und Linda südlich und südwestlich, bei Oberschöna und Wegefahrt westlich, und weiter gegen Grossschirma hin nordwestlich gerichtet ist.

Unter den zahlreichen fremdartigen Gebilden, welche in diesen, den Freiberger Erzdistrikt hauptsächlich constituirenden Gneissregionen untergeordnet auftreten, ist in bergbaulicher Hinsicht besonders interessant eine dem Himmelsfürster Gneiss ziemlich concordant eingeschaltete, lagenförmige Zone von Granatglimmerschiefer, welche das Himmelsfürster Grubenfeld quer durchzieht und eigenthümlicher Weise längs ihrer liegenden Grenze fast durchgehends von rothem Gneisse begleitet ist. Diese aus einem charakteristischen, grobflasrigen, quarzreichen Glimmerschiefer mit silberweissem oder grauweissem Kaliglimmer und nie fehlenden, hirsekorn- bis erbsengrossen, rothen Granaten bestehende Gesteinslage erstreckt sich über Tage vom Striegisthale oberhalb Linda gegen Südost und Ost, nahe im Hangenden des Albertschachtes und im Liegenden des Grünrose'r Treibeschachtes vorüber, nach dem Vertrau auf Gott Schachte, Reicheltschachte, und über den Gelobt Lander Teich bis in die Nähe der Annaberger Chaussee, wo sie sich auszukeilen scheint, da man weiter östlich längs des dahin weiter fortsetzenden, begleitenden Zuges von rothem Gneiss nur noch ganz vereinzelte Vorkommnisse von Granatglimmerschiefer aufgefunden hat. Diese Glimmerschieferzone kennt man sowohl in den westlichen, als in den östlichen Grubenbauen von Himmelsfürst in allen Sohlen bis zur 9. Gezeugstrecke. Sie besitzt im dasigen abendlichen Grubenfelde, zwischen dem Albertschachte und dem Grünrose'r Treibeschachte ihre grösste bekannte Mächtigkeit von 30 Lachter in obern Sohlen, in tiefern Sohlen bis zu 40 Lachter wachsend, während sie im morgentlichen Grubenfelde, jenseits des Vertrau auf Gott Schachtes, auf wenige, oft nur 4 bis 5 Lachter sich zusammenzieht. In den weiter östlich gelegenen Grubenbauen vom Reichen Bergsegen ist sie bis jetzt nicht bekannt.

Die eben erwähnte Granatglimmerschieferzone besitzt eine besondere bergmännische Wichtigkeit in so fern, als auf den Himmelsfürster Hauptgängen die bedeutendsten Erzmittel unmittelbar im Liegenden dieser Zone gruppirt sind, während in deren Bereiche selbst die Gänge steril zu sein pflegen, so dass dieselbe also als die hangende Begrenzung der Erzfälle erscheint, so im abendlichen Grubenfelde auf dem dort hauptsächlich die edle Braunspathformation führenden Gängen, dem Kalb Stehenden, Silberfund Stehenden, August Flachen, Frisch Glück Flachen, Nathan Stehenden, David Stehenden, Wiedergefunden Glück Stehenden, Felix Flachen, Grüne Rose Stehenden, Teich Flachen, Vertrau auf Gott Flachen und Jupiter Stehenden, sowie im morgentlichen Grubenfelde auf den mehr dem Typus der kiesigen Bleiformation sich nähernden Gängen, als namentlich dem flachen und seigern Alt Molchen Stehenden, Himmelsfürst Stehenden, Lieben Bruder Flachen, Theodor Flachen und Prinz Albert Stehenden. Mit dem südwestlichen, beziehentlich südlichen Einfallen der Granatglimmerschieferzone steht nun der Umstand in natürlichem Zusammenhange, dass man auf den Erzgängen im Abendfelde von Himmelsfürst die Erzmittel in um so tiefern Sohlen angetroffen hat, je weiter westlich jene aufsetzen, ferner der andere Umstand, dass die Erzmittel oder langgestreckten Erzfälle der Himmelsfürster Gänge ein steileres oder flacheres Einschiessen gegen Süd zeigen, je nach dem höhern oder niedrigern Streichen, mit welchem die Gänge an diese Zone hinansetzen, und selbst das ganz abnorme schwebende nordwestliche Verflächen des Erzfalles auf dem ziemlich spatweise streichenden August Flachen, sowie der Umstand, dass man diesen zwischen der 5. und 8. Gezeugstrecke bebauten und in der 7. Gezeugstreckensohle auf mehr als 200 Lachter Länge aufgeschlossenen Erzfall mit der bereits über 130

Lachter darunter hin ausgelängten 9. Gezeugstrecke noch nicht ausgerichtet hat. findet hierin seinen Grund.

Mehrere der vorhin genannten Hauptgänge. so namentlich den Kalb Stehenden, Silberfund Stehenden, August Flachen, Frisch Glück Flachen, Nathan Stehenden, David Stehenden, Felix Flachen, Teich Flachen, Vertrau auf Gott Flachen, flach fallenden Alt Molchen Stehenden und Prinz Albert Stehenden, hat man bis jetzt im Hangenden gedachter Granatglimmerschieferzone überhaupt noch nicht erzführend auszurichten vermocht, obwohl hier noch eine 80 bis 150 Lachter starke Zone von Himmelsfürster Gneiss auftritt, der allerdings petrographisch nicht ganz so entwickelt ist. als jener im Liegenden. In neuerer Zeit hat man aber auch in diesem hangenden Streifen des Himmelsfürster Gneisses auf dem Wiedergefunden Glück Stehenden zwischen 3. und 7. Gezeugstrecke, ferner auf dem Jupiter Stehenden zwischen 3. und 5. Gezeugstrecke, auf dem Carl Stehenden zwischen 6. u. 7. Gezeugstrecke, auf dem seigern Alt Molchen Stehenden und dem Theodor Flachen, zwischen 1. und $\frac{1}{2}5.$, sowie zwischen 7. und 8. Gezeugstrecke, auf dem Lieben Bruder Flachen zwischen 1. und 3. Gezeugstrecke, auf dem Bär Flachen zwischen 2. und 7. Gezeugstrecke und auf dem Jonas Spate zwischen 2. und 3. Gezeugstrecke wiederum bauwürdige Erzmittel, wenn auch von minderer Grösse und Bauwürdigkeit als jene im Liegenden des Glimmerschiefers, ausgerichtet. Es beweisen diese neuern Erfolge, dass die im Hangenden der früher als Erzführungsgrenze betrachteten Glimmerschieferzone befindliche schmale Region von Himmelsfürster Gneiss nicht ohne Erzführung und Veredlung ist, wie dies auch die früher in derselben Region abgebauten Erzmittel der vormaligen Gruben Moritz und Schweinskopf zu bestätigen vermögen.

Als Hauptergebniss der bisherigen Untersuchungen und Erfahrungen bei Himmelsfürst Fdgr. stellt sich heraus, dass sowohl die meisten, als die wichtigsten Erzmittel und Erzfälle in den dasigen westlichen und östlichen Feldtheilen unter dem Einflusse der Contaktveredlung an den Grenzen verschiedener Gesteinsglieder der ältern und jüngern Gneissformation, angeordnet sind und zwar innerhalb zweier nahe nebeneinander gelegener, aber deutlich geschiedener Veredlungsregionen, deren liegende und wichtigste unmittelbar unterhalb der vorstehend beschriebenen Granatglimmerschieferzone, deren hangende, minder wichtige aber in dem schmalen Streifen von jüngerem grauen Gneisse zwischen letztgedachter Gesteinslage und dem südwestlich vorliegenden glimmerreichen, ältern grauen Gneisse gelegen ist. Am entschiedendsten tritt diese Contaktveredlung in der liegenden Erzregion unter der Glimmerschieferzone auf und zwar bei den Hauptgängen von Himmelsfürst mit einer Regelmässigkeit, die hinter derjenigen der eclatanten analogen Veredlungsfälle von Segen Gottes zu Gersdorf kaum zurücksteht. Auf einigen dieser Erzgänge zieht sich der Erzreichthum in Gestalt fast ununterbrochener Erzfälle entlang der Glimmerschiefergrenze in die Tiefe, auf andern Gängen sind es kleinere Erzmittel, die sich längs der Glimmerschieferzone gruppirt und bald nur kleine, bald grössere, taube oder erzarme, unbauwürdige Mittel zwischen sich gelassen haben, wie die auf Taf. II. enthaltenen flachen Risse einiger der betreffenden Hauptgänge ersehen lassen. Ebenso ist die Entfernung, bis auf welche sich die Gangveredlung im Liegenden der Glimmerschieferzone erstreckt, bei verschiedenen Gängen sehr verschieden und selbst bei einzelnen Gängen in verschiedenen Sohlen schwankend, bald nur etliche 30 bis 50 Lachter, bald bis zu 200 Lachter und darüber aushaltend. Im Allgemeinen aber sind die Gänge auch hier zunächst der Gebirgsscheide am edelsten und weiter davon ärmer. Doch erscheint dieses Verhältniss vielfach dadurch modificirt, dass Gangkreuze, Trümerschaarungen und andere Umstände innerhalb der Contaktveredlungsregion zu partiellen, potenzirten Veredlungen Veranlassung gegeben haben. Von solchen Punkten besonderer Veredlung sind unter andern die berühmten Anbrüche von massivem gediegenen Silber, Glaserz, Rothgiltigerz und Weissgiltigerz entnommen worden, welche bei Himmelsfürst früher zu wiederholten Malen und in verschiedenen Teufen, namentlich auf dem Teich Flachen, Wiedergefunden Glück Stehenden, Felix Flachen, Vertrau auf Gott Flachen und neuerdings auf dem August Flachen, Silberfund Stehenden und Kalb Stehenden vorgekommen sind. Selbst andere unbedeutende, schmale Erzgänge, die sonst nirgends mit bauwürdiger Erzführung auftreten, haben sich nahe unter der Glimmerschieferzone stellenweise edel gezeigt, so der Carl Morgengang zwischen 5. und 7. Gezeugstrecke, der Victor Stehende über 7. Gezeugstrecke, der Neu Glück Spat auf dem Neuen Segen Gottes Stolln, der Clemens Stehende über 5. Gezeugstrecke, der Benjamin Stehende über 5. Gezeugstrecke, der Saturnus Spat über 6. und 7. Gezeugstrecke, der unbenannte Spat über 2. Gezeugstrecke und der Vetter Michel Flache über 2. Gezeugstrecke.

Diese allgemeine Contaktveredlung im Liegenden, wie im Hangenden des Glimmerschiefers ist jedoch, wie nicht übersehen werden darf, nur eine relative, d. h. sowohl in Bezug auf Ausdehnung, als in Bezug auf Intensität bei verschiedenen Gangindividuen eine verschiedene, dergestalt, dass z. B. der durchschnittliche Erzwerth eines Quadratlachters Gangfläche innerhalb der nämlichen Veredlungsregion bei dem einen Gange doppelt so hoch ist, als bei einem andern Gange, und dass die reichsten Gangflächen des einen Ganges an absolutem Werthe noch hinter den mittelmässigen Gangflächen eines andern Ganges zurückstehen. Diese verschiedene Intensität der Veredlung tritt auch im Grossen bei den beiden Hauptgruppen des Himmelsfürster Gangzuges, bei den hauptsächlich edle Silbererze und silberreichen Bleiglanz, verglaste Blende und silberreichen Schwefelkies führenden Gängen der westlichen Grubenabtheilung, d. i. vom Jupiter Stehenden an westlich, und bei den durch silberärmere, hauptsächlich blendig-kiesig-bleiglanzige Erze charakterisirten Gängen der östlichen Grubenabtheilung von Himmelsfürst auffällig hervor.

Die am Ende beigefügte tabellarische Zusammenstellung der Erzproduktion bei Himmelsfürst aus den beiden dortigen Grubenabtheilungen und aus den verschiedenen Veredlungsregionen im Hangenden und Liegenden des Glimmerschiefers während der letztverwichenen 20 Jahre vermag hierfür einen auf Zahlen begründeten, nähern Nachweis zu geben. Danach sind in dem begriffenen Zeitraume im Ganzen 87050 ☐ Lachter Gangflächen abgebaut und daraus für 4406676 Thaler, dies sind durchschnittlich pro ☐ Lachter für

50,622 Thaler Erze verschiedener Art erzeugt worden. Davon vertheilen sich

A. auf die obere Contaktveredlungsregion im Hangenden des Glimmerschiefers

5914 □ Lachter mit 206761 Thaler oder pro □ Lachter 34,961 Thaler in der östlichen Grubenabtheilung,

7480 □ Lachter mit 286357 Thaler oder pro □ Lachter 38,282 Thaler in der westlichen Grubenabtheilung;

B. auf die untere Contaktveredlungsregion im Liegenden des Glimmerschiefers bis auf 200 Lachter davon

24738 □ Lachter mit 999423 Thaler oder pro □ Lachter 40,400 Thaler in der östlichen Grubenabtheilung,

40976 □ Lachter mit 2594590 Thaler oder pro □ Lachter 63,319 Thaler in der westlichen Grubenabtheilung;

C. auf das ausserhalb der Contaktveredlungs-regionen gegen das Revier-Innere hin gelegene Grubenfeld

6552 □ Lachter mit 244699 Thaler oder pro □ Lachter 37,346 Thaler in der östlichen Grubenabtheilung und

1390 □ Lachter mit 74846 Thaler oder pro □ Lachter 53,846 Thaler in der westlichen Grubenabtheilung.

Es geht ferner aus dieser Zusammenstellung mit Evidenz hervor, welche grosse Wichtigkeit die beiden Contaktvered-lungsregionen für den Grubenbetrieb und den Grubenhaushalt besitzen, indem von der gesammten Erzproduktion des betreffenden 20jährigen Zeitraumes dem Werthe nach

11,190 Procent aus der obern Contaktveredlungsregion,

81,559 - aus der untern Contaktveredlungsregion und

7,251 - aus dem inneren Grubenfelde entnommen worden sind.

Weit auffälliger würde sich die starke Erzconcentration besonders im unmittelbaren Liegenden der Glimmerschieferzone bemerkbar machen, wenn die in der Breite der nächsten 75 Lachter unterhalb des Glimmerschiefers abgebauten Gang-flächen mit ihrem Ertrage noch jetzt annähernd genau ermittelt werden könnten, was aber leider nicht möglich ist. Nicht selten sind in diesem Bereiche Erzmittel angetroffen

worden, die bei einem Umfange bis zu mehreren hundert
Quadratlachtern im Durchschnitt auf ein Quadratlachter für
80 bis 200 Thaler Erze schütteten. Ueber 60 Procent der
ganzen Erzproduction von Himmelsfürst entstammen diesem
schmalen Bereiche.

Die specifische Edelkeit der Himmelsfürster Gänge in
der Contaktregion unter der Glimmerschieferzone würde übrigens auch im Ganzen eine noch weit kräftigere Begründung
finden, wenn man die Belege aus der frühern guten Zeit der
Grube vor dem Jahre 1830 hernehmen könnte, während welcher
bekanntlich die meisten Abbaue in obern und mittlern Sohlen
in der gedachten Veredlungsregion umgingen und der Durchschnittsertrag von einem Quadratlachter, auf die heutige Be-
zahlung reducirt, nicht unter 150 Thaler gewesen sein dürfte.
Scheint es hiernach allerdings, als seien in obern Sohlen die
Himmelsfürster Gänge sowohl im Allgemeinen, als auch im
Besondern innerhalb der gedachten Contaktregion erzreicher,
als in den tiefern Sohlen, so ist indessen hierbei nicht un-
berücksichtigt zu lassen, dass jener hohe Durchschnittsertrag
der frühern Zeit nur von dem sehr beschränkten, aber no-
torisch die Hauptgänge enthaltenden alten Grubenfelde von
Himmelsfürst entnommen ist, dagegen die Ertragsdurchschnitte
aus der neuen Zeit sich auf das ganze gegenwärtige, durch
Consolidation mit benachbarten Gruben bedeutend vergrösserte
und seitdem auch mehrere silberarme Gänge enthaltende Grubenfeld beziehen, und dass die seit jener frühern Zeit er-
folgten Fortschritte in der Technik des Bergbau- und Hüt-
tenbetriebes, sowie die eingetretenen Abgabenerleichterungen,
es möglich gemacht haben, in neuerer Zeit viele und grosse
mittelmässige oder arme Erzmittel noch mit einigem Ge-
winne oder doch ohne Einbusse abzubauen, während solche
Mittel früher ganz ausser Beachtung bleiben mussten. In
Folge dessen ist bei genannter Grube das Verhältniss der
zum Abbau gelangenden reichen Erzmittel zu den ärmern
jetzt ein wesentlich anderes geworden. Uebrigens haben in
neuerer Zeit einzelne Gangcomplexe auch in grösseren Teufen sich den alten reichen Gangmitteln in obern Sohlen wür-
dig an die Seite gestellt, so die Kreuzregion des August

Flachen, Silberfund Stehenden und Kalb Stehenden, welche in den 10 Jahren 1858 — 1867, zwischen der 5. und 9. Gezeugstrecke aus 6675 Quadratlachtern für 938007 Thaler (d. i. pro Quadratlachter für 140,525 Thaler) Erze, darunter allein für 306212 Thaler gediegenes Silber, lieferte und noch lange nicht erschöpft zu sein scheint. Es kann demnach von einer allgemeinen Verarmung der Himmelsfürster Erzgänge mit zunehmender Teufe, wie man sie hat annehmen wollen, nicht die Rede sein. Denn obschon auf den vormaligen Hauptgängen, auf dem Teich Flachen, Wiedergefunden Glück Stehenden, Felix Flachen und Vertrau auf Gott Flachen in tiefern Sohlen, ungefähr von der 4. beziehentlich 5. und 6. Gezeugstrecke nieder bis in die jetzt zugänglichen tiefsten Sohlen, der 9. und $\frac{1}{2}$11 Gezeugstrecke, die Erzmittel auch innerhalb der Contaktveredlungsregion sich weit weniger erzreich und umfänglich bewiesen haben, als in den obern Sohlen, so liefern dagegen andere Hauptgänge, so namentlich der Kalb Stehende im westlichen Grubenfelde und der Himmelsfürst Stehende im östlichen Grubenfelde, glänzende Beispiele einer erst in tiefern Sohlen beginnenden reichern Erzführung, während andere wichtige Gänge, wie der Silberfund Stehende, August Flache, Frisch Glück Flache, David Stehende und Nathan Stehende, bis jetzt überhaupt nur in tiefern Sohlen, unterhalb 5. und 6. Gezeugstrecke, bauwürdig befunden worden sind.

Im Allgemeinen ist also das Verhältniss der Contaktveredlung so aufzufassen, dass in ihrem Bereiche der Erzreichthum der einzelnen Gänge Schwankungen unterliegt, für welche jedoch irgend ein gesetzmässiger Zusammenhang mit einer gewissen, besonders ausgezeichneten Erzteufe zur Zeit nicht zu constatiren ist.

Aus dem divergirenden Verflächen der mit der Glimmerschieferzone in die Teufe ziehenden Contaktveredlungsregionen gegen die auf dem Ausgehenden der Contakterzfälle angesetzten und im Fallen der Gänge abgeteuften Himmelsfürster Hauptschächte, so namentlich den Frankenschacht, Grünrose'r Treibeschacht, Vertrau auf Gott Schacht und Reicheltschacht, erklärt es sich übrigens auf einfache Weise, dass alle diese Schächte nach Erreichung einer gewissen Teufe in erzärmere und zuletzt in unbauwürdige Regionen eingerückt und in solchen bereits mehr oder weniger tief abgesunken sind, ohne in neue, wichtige Erzregionen eingekommen zu sein, ein Verhältniss, welches man früher nicht anders, als durch Annahme einer regelmässigen Verarmung der dortigen Erzgänge mit zunehmender Teufe zu deuten wusste, während es doch wesentlich darin beruht, dass die gedachten Schächte die Contaktveredlungsregion überschritten und von derselben sich immer mehr der Teufe nach entfernt haben.

Wenn man von dem verhältnissmässig sehr schmalen sterilen Zwischenmittel der Glimmerschieferzone zwischen den beiden Contaktveredlungsregionen von Himmelsfürst Fdgr. absieht, so kann man im Ganzen und Grossen für die hauptsächlich bauwürdige Region genannter Grube die bis jetzt bekannte Länge, zwischen dem Albertschachte und dem Markscheideschachte, zu 1200 Lachter und die Breite zu 300 Lachter annehmen, innerhalb welcher die Erzmittel auf den verschiedenen Gängen eine paternosterförmige Reihe darstellen. Mit Recht darf man diese Erzregion zu den reichsten und ergiebigsten der Freiberger Revier, wie überhaupt des ganzen Erzgebirges zählen, indem aus ihrem Bereiche, und zwar aus einer die 8. Gezeugstrecke selten übersteigenden Abbauteufe vom Tage nieder, blos seit Anfang des vorigen Jahrhunderts bis jetzt über 12 Millionen Thaler an Silbererzen ausgebracht worden sind, und mit eben so viel Recht darf man aus diesem Umstande Vertrauen auf eine fernere glückliche Zukunft dieses Reviertheiles schöpfen. Denn es liegt gar kein Grund vor, anzunehmen, dass in grösserer, als der bisher erreichten Teufe die geognostischen Verhältnisse sich anders zeigen werden. Versprechen demnach die zur Zeit bekannten Erzfälle und Erzmittel auf den Hauptgängen bei fernerweiter Verfolgung noch ein reichliches Erzausbringen, so ist überdiess noch zu beachten, dass es gar nicht unwahrscheinlich ist, dass man im Bereiche der fraglichen Veredlungsregion, besonders auf beiden Seiten des Hauptgangzuges, in den Lücken einerseits zwischen Himmels-

fürst u. Reichem Bergsegen. andererseits zwischen Himmelsfürst und Sieben Planeten, theils auf schon bekannten, theils auf
jetzt unbekannten Gängen neue wichtige Erzmittel auszurichten im Stande sein dürfte, in analoger Weise, wie es in neuerer Zeit bei den Gruben Segen Gottes zu Gersdorf und Erzengel Michaelzu Mohorn mit glücklichem Erfolge geschehen ist.

Welche grosse praktische Wichtigkeit die dargelegten
geognostischen Verhältnisse für Himmelsfürst haben, lässt
sich übrigens auch in anderer Weise ermessen, wenn man
erwägt, dass wenigstens zwei Drittel der seit Jahrhunderten
aus dem betreffenden Grubenfelde geförderten, beträchtlichen
Erzmassen füglich in einem Zeitraume von 30 bis 40 Jahren
mit verhältnissmässig geringem Kostenaufwande erobert werden
konnten, wenn man den dasigen Bergbau mit der Erkenntniss
der dargelegten Veredlungsverhältnisse und mit den jetzigen
technischen Hilfsmitteln hätte anfangen und darauf hin eine
vorbewusste, systematische und schwunghafte Aufschliessung
der Gänge in der Contaktveredlungsregion hätte vornehmen
können. Für die Betriebserfolge auf den einzelnen Gängen
bleibt allerdings noch Unsicherheit genug, aber im grossen
Durchschnitte dürfte man bei einer auf die gedachten Verhältnisse sich stützenden Berechnung sich nicht täuschen.

Zunächst im Liegenden der Contaktveredlungsregion
gegen die innere Revier hin sind die Erzgänge von Himmelsfürst zwar nicht durchaus unbauwürdig, aber im Allgemeinen doch so arm und so wenig ergiebig, dass hier der
Abbau zu keiner Zeit so glänzende Erträge, wie in jener
Region, geliefert hat. Erst in grösserer Entfernung davon,
wo andere, jedoch weniger regelmässige und weniger durch-
greifende Veredlungsursachen sich geltend gemacht haben,
treten meist auf andern Gängen wieder bedeutendere Erzmittel auf, so in dem Gelobt Land'er Grubenfeldtheile, sowie
in dem benachbarten Reiche Bergsegner Feldtheile von Vereinigt Feld. Im letztern erscheint überhaupt auch der Einfluss
der Contaktveredlung weniger intensiv und beschränkt sich
nur auf einen 50 bis 60 Lachter breiten Streifen entlang der
Grenze des Himmelsfürster Gneisses und des darüber liegenden Wegefahrter Gneisses, wohin namentlich der bis zur

5. Gezeugstrecke nieder verfolgte Erzfall auf dem Freudenstein Flachen und verschiedene kleinere Erzmittel auf dem Unterhaus Sachsen Spatgange, Ober Silberschnur Stehenden und Wolfgang Stehenden zu zählen sind.

Die breite Region des glimmerreichen Wegefahrter Gneisses bildet sonach gewissermassen die natürliche Grenze des Brander Erzdisdriktes gegen Süd und Südwest hin und, wie man mit gewisser Berechtigung sagen kann, auch des durch seine Führung bleiischer Erze ausgezeichneten Freiberger innern Erzdistriktes gegen West hin, indem ausserhalb der innern Grenze dieser glimmerreichen Gneissregion nur noch sporadische, meist Gängen der edeln Quarzformation angehörige Erzmittel bekannt sind. Die Lage mehrerer anderer, vormals nicht unwichtiger Gruben nahe im Liegenden dieser Grenze scheint sogar darauf hinzudeuten, dass die in der Brander Revierabtheilung nachgewiesene Contaktveredlung der Erzgänge vielleicht längs der ganzen Erstreckung der gedachten Gneissregion herrschend ist. Es lassen sich hierfür, ausser der Grube Sieben Planeten bei Linda, noch die Gruben Junger Schönberg, König Salomo, Unverhoffter Segen Gottes und Hoh neu Jahr bei Oberschöna, ferner der Bergbau im Struthenwalde bei Kleinwaltersdorf und die reichen abendlichen Erzbaue auf dem Drei Prinzen Spate und Ludwig Spate der Grube Churprinz Friedrich August zu Grossschirma anführen. Hoffentlich ist es möglich, auch die dasigen Erzführungsverhältnisse noch mehr aufzuklären und so die Zahl der Fälle zu vermehren, wo ein Zusammenhang des Erzreichthums auf den Gängen mit bestimmt wahrnehmbaren geognostischen Verhältnissen nachweisbar ist.

der ,flächen und der

	Summe.		Haupt - Summe.	
	Westliche Revier			
	C.Lachter	Thaler.	C.Lachter	Thaler.
Jahre 1848 — 1867	49846	2955793	87050	4406676
Durchschnitt . .	1,000	59,298	1,000	50,622
Procentales Verhältn zur Hauptsumme	57,261	67,075	—	—

III.

Ueber die Flötztrümerzüge in den Gruben zwischen Freiberg und Brand.

Von **Herrmann Müller**.

Die Gruben Herzog August, Beschert Glück und Einigkeit haben in ihrer Geschichte einige glänzende Perioden verzeichnet, die mit dem Abbaue derjenigen Gangregionen zusammenfallen, in welchen die jenem Reviertheile eigenthümlichen sogenannten Flötztrümer, d. s. zahlreiche, nahe neben einander aufsetzende, zu netzartig verzweigten Zügen gruppirte, flach fallende oder schwebende, schmale, aber zum Theil sehr edle Gangtrümer der Braunspathformation, eine wichtige Rolle spielen.

Die Grube Herzog August Fdgr. bei den drei Kreuzen hatte ihre erste wichtigste und glücklichste Periode gegen die Mitte des vorigen Jahrhunderts, als über und unter dem Churfürst Johann Georg Stolln auf dem Gottes Segen macht reich Stehenden und auf den mit diesem Gange in der Länge von 160 bis 180 Lachtern sich schleppenden Unverhofft Glück'er Flötztrümern die Erzbaue betrieben wurden. Die gegenwärtig zu Beschert Glück Fdgr. und Einigkeit Fdgr. gehörenden vormaligen Gruben Habacht, Silberspat und Vergnügte Anweisung bei Brand blühten in den zwanziger und dreissiger Jahren des jetzigen Jahrhunderts zu neuem Wohlstande auf, während des Abbaues des sogenannten Habachter Gangzuges längs dessen Kreuzung mit den dort in der Teufe zwischen dem Churfürst Johann Georg Stolln und der 3. Gezeugstrecke, in der gegen 560 Lachter langen Erstreckung

4

zwischen dem Walther Spate und dem Benjamin Spate auftretenden Habachter schwebenden Flötztrümern.

Die betreffenden Gangverhältnisse haben schon früh-
zeitig die Aufmerksamkeit auf sich gezogen und verschiedene
Beurtheilung erfahren, obwohl die Ansichten fast alle darin
übereinstimmten, dass die Flötztrümer mit den dortigen Erz-
anhäufungen in ursachlichem Zusammenhange stehen mögen.
Namentlich hat der vormalige Herr Oberberghauptmann Frei-
herr v. Beust in der Abhandlung: Ueber ein Gesetz der
Erzvertheilung auf den Freiberger Gängen, 1. und 2. Heft 1855
und 1858, diesen Flötztrümern grosse bergmännische Wichtigkeit beigelegt und darüber sich ausführlich verbreitet.

Jedenfalls am bedeutendsten ist die Veredlung der
Habachter Gänge längs der Kreuzungsregion der Flötztrümer
in dem vormaligen Habachter und Silberspater Grubenfelde,
von welcher innerhalb einer Längenausdehnung von ungefähr
300 Lachtern und einer Saigerteufe von 30 Lachtern, bei
einem keineswegs erschöpfenden Abbaue, mindestens für
800000 Thaler Erze gewonnen worden sind. Beide soeben
bezeichnete Ganggebilde sind offenbar etwas von einander
Verschiedenes und nicht mit einander zu verwechseln, wenn
schon die genetischen Beziehungen zwischen beiden in einem
gewissen Zusammenhange stehen mögen. Denn die eigentlichen Habachter Gänge, von denen der Carl Morgengang,
Ludwig Stehende, Gotthold Stehende, Kurz Glück Stehende,
Julius Stehende, Gottlob Morgengang und Constantin Stehende
als Hauptrepräsentanten gelten, kennzeichnen sich als zwar
ebenfalls sehr flach (25 — 45 Grad) fallende und in ihrem
Streichen sehr schwankende, aber doch im Zusammenhange
weit fortsetzende und sonst den andern Gängen der edeln
Braunspathformation entschieden analoge Gänge, so besonders
in den tiefen Sohlen unterhalb der 3. Gezeugstrecke, wo sie
in der Regel als compakte, leider aber auch erzarme Gang-
körper auftreten. Ganz eigenthümlich erscheinen hiergegen
die sehr schmalen, unregelmässig verzweigten, im Streichen
und Fallen kurz erstreckten Flötztrümer, welche, einzeln oder
in grösserer Anzahl gruppenweise nahe neben einander, in
sehr flach geneigter, schwebender oder fast horizontaler Lage,

an die nurgenannten verschiedenen Gänge, namentlich in der
Teufe zwischen dem Churfürst Johanngeorgenstolln und der
3. Gezeugstrecke mehrmals heransetzen. Indessen da die genannten Habachter Hauptgänge über 3. und beziehentlich 2.
Gezeugstreckensohle sämmtlich nach oben hin sich in zwei
oder mehrere, sich immer mehr verschmälernde und zum
Theil sehr flaches Fallen annehmende Gangtrümer zerschlagen,
welche hier vorwaltend dieselben Gang- und Erzarten, wie
jene Flötztrümer, als Manganspath, Braunspath, Quarz, silberreichen Bleiglanz, verglaste Blende, Weissgiltigerz, Rothgiltigerz und Glaserz führen, so erscheint es hier oft schwer,
beide Erscheinungen scharf von einander zu trennen, welchen-
falls man im Zweifel bleiben muss, ob man Trümer der Habachter Gänge oder eigentliche Flötztrümer vor sich hat.
Viel schärfer ist in dieser Beziehung das Verhältniss der
sogenannten Flötztrümer zu dem im nördlichen Feldtheile
von Beschert Glück Fdgr. aufsetzenden Gnade Gottes Stehenden, in den Bauen oberhalb der 3. Gezeugstrecke, sowie
zu dem bei der Nachbargrube Herzog August Fdgr. bebauten
Gottes Segen macht reich Stehenden, in den Bauen oberhalb des
Moritzstollns und Churfürst Johanngeorgen Stollns ausgespro-
chen, indem von diesen beiden ziemlich steil fallenden und mäch-
tigen, theils mit Gang- und Erzarten, theils mit Gneiss und Letten
erfüllten Hauptgängen die schmalen, schmitzenförmig sich aus-
keilenden, schwebenden Flötztrümer sich deutlich abschneiden.
Aehnliches Verhalten soll mehrfach in den Bauen auf dem
Stephan Spate und dem Benjamin Spate bei Vergnügte Anweisung
beobachtet worden sein, während auf dem Neu hohe Birke
Stehenden bei Beschert Glück oft auch schwebende Flötztrümer wahrgenommen worden sind, die scharf durch
die krystallinische Ausfüllung dieses Ganges hindurchsetzen.
Möchte man demnach, im Gegensatze zu einigen frühern
Ganggeognosten, namentlich Kühn*) und v. Weissenbach, **)
welche die fraglichen Flötztrümer zwar als eigenthümliche,
von denen der übrigen Gänge des betreffenden Reviertheiles

---

*) Handbuch der Geognosie. II. Band. 1836. Seite 406.
**) Abbildungen merkwürdiger Gangverhältnisse aus dem Erzge-
birge. 1836. Seite 88.

4 *

wesentlich abweichende Formen der Erzgangbildung, jedoch durchaus nur als locale, mit den benachbarten Hauptgängen innig im Zusammenhange stehende, oder selbst durch diese bedingte Erscheinungen auffassen, den Flötztrümern der genannten Grubenfelder wenigstens in Bezug auf ihre Spaltenbildung und ihre räumliche Verbreitung eine gewisse Unabhängigkeit von den andern, mit ihnen in Berührung kommenden regelmässigen Gängen der edeln Braunspathformation zuschreiben, so scheinen jedoch zwei wichtige Fragen zur Zeit noch nicht vollständig aufgeklärt zu sein, nämlich

1) ob die auf verschiedenen Gängen und in verschiedenen Sohlen der Gruben Herzog August, Beschert Glück und Einigkeit bisher beobachteten schwebenden Flötztrümer in ihrer Gesammtheit bestimmte, in Zonen von übereinstimmendem Hauptstreichen und Fallen angeordnete, durch die Felder der genannten Gruben ohne Unterbrechung hindurchsetzende, grosse Trümerzüge, oder aber nur einzelne, über verhältnissmässig beschränkte Räume erstreckte, bald in geringen, bald in grösseren Abständen von einander gelegene, mit einander nicht im Zusammenhange stehende und in ihrem Streichen und Fallen mehr oder weniger von einander abweichende Gruppen, Schaaren oder kleinere Trümerzüge constituiren? und

2) ob diese Flötztrümer eine selbstständige, ihnen allein angehörige Ausfüllung und Erzführung besitzen, oder aber diese den mit ihnen in Berührung stehenden regelmässigen Gängen verdanken?

Anlangend die erste Frage, so könnte man allerdings in Anbetracht des Umstandes, dass die Mehrzahl der bekannten Vorkommnisse von Flötztrümern einer verhältnissmässig schmalen, jedoch nicht genau begrenzbaren, von Nordost gegen Südwest durch die alten Felder von Herzog August, Beschert Glück und Vergnügte Anweisung laufenden Region und innerhalb dieser vorzugsweise der Teufe zwischen dem Churfürst Johann Georg Stolln und der 3. Gezeugstrecke, sich zuweisen lassen, geneigt sein, die Existenz wenigstens einer, durch die gedachten Grubenfelder durchziehenden Flötztrümerzone anzunehmen, indessen liegen die Beobachtungs-

punkte der einzelnen bekannten Flötztrümer oder kleinen
Flötztrümerzüge zum Theil so weit von einander entfernt,
und die speciellen Richtungsverhältnisse letzterer passen oft
so wenig auf einander, dass der Versuch, ihren Zusammenhang
unter einander nachzuweisen, zur Zeit vergeblich erscheinen
muss. Allerdings bezeichnet v. Weissenbach das Vorkommen
von sogenannten Flötztrümern als eine auf den Erzgängen
der Bränder Revierabtheilung, namentlich auf dem Neue hohe
Birke Stehenden, sehr häufige Erscheinung, aber mit dieser
allgemeinen, eine beliebige Ausfüllung der vorhandenen Lücken
zulassenden Angabe ist Nichts zur Aufklärung der Sache gewonnen; denn man könnte solche auch dahin auslegen, dass
das Vorkommen einzelner oder zu Gruppen und Schaaren
versammelter Flötztrümer eine in fast allen Grubentheilen und
Sohlen der Bränder Gegend wahrnehmbare Erscheinung sein
möge, welche sich mit einer zonenweisen Vertheilung jener
schwer vereinbaren lassen würde. Welchen grossen Spielraum
man einer Combination der jetzt bekannten, einzelnen kleinen
Flötztrümerzüge zu einem grossen Ganzen gewähren müsste,
lässt sich daraus abnehmen, dass z. B. die im Grubenfelde
von Herzog August Fdgr. auf ungefähr 180 Lachter Länge
im Streichen und auf 40 bis 50 Lachter flache Höhe, über
dem Moritz Stolln, im Liegenden des Gottes Segen macht
reich?Stehenden abgebauten, sogenannten Unverhofft Glücker
Flötztrümer, wenn sie mit ihrem Hauptfallen von 46 — 50
Grad gegen West in die Teufe fortsetzen, den Gnade Gottes
Stehenden ungefähr in der 13. Gezeugstreckensohle (von
Beschert Glück), also mindestens 120 Lachter tiefer erreichen
würden, als die auf letzterem Gange über 3. und 2. Gezeugstrecke kekannt gewordenen, ganz schwebend oder fast ho-
rizontal liegenden Flötztrümer, sowie ferner, dass die nämlichen Unverhofft Glücker Flötztrümer, wenn sie in ihrem
Hauptstreichen nach hora 12,4 — 1 gegen Süd sich weiter
erstrecken, in der Moritzstollnsohle noch über 50 Lachter
östlich vom Beschert Glück'er Röschenschachte, oder gegen
200 Lachter im Liegenden der in den Habachter Bauen in
derselben Sohle angetroffenen Flötztrümer aufsetzen würden.
Eine solche Combination wird noch dadurch sehr unsicher

gemacht, dass die bekannten kleinen Flötztrümerzüge keineswegs flötzförmig oder lagerartig, im wahren Sinne des Wortes, d. h. der Schichtung des umschliessenden Gneisses parallel verlaufen, sondern dieselbe, welche in der betreffenden Gegend das Streichen hora 7 — 10 und 15 — 30 Grad südliches Fallen zeigt, unter beträchtlichen Winkeln deutlich gangartig durchschneiden.

Vor Erlangung weiterer Aufschlüsse möchte daher die Annahme den bekannten Verhältnissen am meisten entsprechen, dass sowohl die einzeln vorkommenden, als auch die in grösserer Anzahl zu Schaaren oder kleinen Zügen gruppirten Flötztrümer zwar selbstständige, von den andern, regelmässigen Erzgängen wesentlich verschiedene, eigenthümliche, aber in ihrer gegenseitigen Lage und Richtung von einander mehr oder minder abweichende und unter einander nicht im Zusammenhange stehende, wohl meist auch verhältnissmässig kurz erstreckte Gebilde entschieden gangartiger Natur seien.

Was die zweite Frage betrifft, ob nämlich die schwebenden Flötztrümer in dem fraglichen Reviertheile eine selbstständige, ihnen ursprünglich angehörige Ausfüllung und insonderheit eine selbstständige Erzführung besitzen? so hat man sich zunächst zu vergegenwärtigen, dass dergleichen Flötztrümer bis jetzt meist nur in den auf andern normalen Erzgängen der edeln Braunspathformation verführten Bauen gelegentlich bekannt und bebaut, hin und wieder auch von letztern aus, jedoch immer nur auf geringe Entfernung, bauwürdig verfolgt worden sind. Unter ihnen sind die Unverhofft Glücker Flötztrümer auf die grösste Entfernung von dem nächsten Hauptgange, dem Gottes Segen macht reich Stehenden weg, nämlich stellenweise auf 40 bis 50 Lachter flache Höhe, an andern Stellen dagegen nur 10 bis 20 Lachter weit bauwürdig fortgebracht worden. Nach der Versicherung v. Charpentiers, welcher die genaueste Beschreibung derselben (in den: Beobachtungen über die Lagerstätte der Erze, Leipzig 1799, Seite 171 folg.) geliefert hat, sind vormals mehrfache Versuche angestellt worden, diese Flötztrümer in höhern Sohlen mit Schächten wieder auszurichten, jedoch vergeblich. Bekanntlich ist es auch nicht gelungen, diese Flötztrümer ihrem Fallen nach über den Gottes Segen macht reich Stehenden hinaus fortzubringen, da schon in den benachbarten Grubenbauen auf dem Churfürst Johann Georg Stehenden ihre Existenz nicht sicher hat constatirt werden können. Aehnliches Verhalten zeigen die schwebenden Flötztrümer in dem Habachter Feldtheile von Beschert Glück. Einige wenige derselben sind auf 10 bis 25 Lachter von den dasigen Hauptgängen ab, ihrem Aufsteigen nach, verfolgt worden, die meisten aber zeigten ihre sichtbare Endschaft schon in dem Bereiche der auf jenen Hauptgängen geführten Abbaue. Auf dem ganz in der Nähe dieser Baue und in der aufsteigenden Richtung der Habachter Flötztrümer gelegenen Clemens Stehenden sind diese nicht, oder doch wenigstens nicht in auffälliger Weise angetroffen worden. Andererseits sind nur sehr wenige Fälle bekannt, dass dergleichen Flötztrümer in das Hangende des Habachter Gangzuges absetzten.

Noch weniger weit sollen die auf dem Neu hohe Birke Stehenden und auf dem Gnade Gottes Stehenden beobachteten schwebenden Flötztrümer von diesen Hauptgängen weg ausgehalten haben.

Mit dieser Erscheinung der auf die Nähe gewisser regelmässiger Erzgänge beschränkten Entwickelung der Flötztrümer steht im Einklange, dass man bis jetzt in dem so vielfach durchwühlten Gebirgstheile von Beschert Glück und Umgebung noch nirgends mit einem Querschlagsorte, in grösserer Entfernung von eigentlichen erzführenden Gängen, schwebende Flötztrümer mit der charakteristischen edeln Erzführung angetroffen hat. Ist nun unter den oben dargelegten Verhältnissen nicht Anderes anzunehmen, als dass wenigstens die Spaltenbildung der Flötztrümer unabhängig von den andern Gängen, sowohl durch andere Ursachen wie diese bedingt, als auch zu anderer Zeit erfolgt, daher höchst wahrscheinlich nicht blos auf die unmittelbare Nähe dieser beschränkt, sondern oft ziemlich weit erstreckt ist, so kann jener Umstand, dass die Flötztrümer nur in der Berührung oder Nähe gewisser regelmässiger Gänge bauwürdig und überhaupt mit Gang- und Erzarten erfüllt angetroffen worden sind, wohl kaum anders erklärt werden, als dass die mineralische Ausfüllung dieser Flötztrümer nicht durch einen letztern eigenthümlichen, von den andern von ihnen berührten Gängen unabhängigen Gangbildungsprozess, sondern lediglich von diesen Nachbargängen aus erfolgt ist. Diese Erklärung findet auch darin weitere Bestärkung, dass die Flötztrümer der Bränder Revierabtheilung unter sich allenthalben eine grosse Uebereinstimmung ihrer mineralischen Zusammensetzung offenbaren, indem sie wesentlich Manganspath, Braunspath, krystallinischen Quarz, silberreichen Bleiglanz, verglaste Blende, Weissgiltigerz und Glaserz, zuweilen auch Rothgiltigerz und gediegen Silber, d. h. diejenigen Gang- und Erzarten führen, welche bekanntlich auf den regelmässigen Gängen der edeln Braunspathformation das jüngere, zuletzt entwickelte Formationsglied der edeln Geschicke bilden. Weder in der Bränder Revierabtheilung, noch sonst irgendwo im Erzgebirge ist nun ein Erzgang gefunden worden, der in seiner ganzen Erstreckung ausschliesslich oder auch nur vorwiegend aus diesem edeln Formationsgliede besteht. Vielmehr pflegt dieses nur in gewissen, beschränkten Regionen besonderer Veredlung auf den vorwaltend von dem ältern, die sogenannten groben, silberärmeren Geschicke führenden Formationsgliede zusammengesetzten Gängen der edeln Braunspathformation aufzutreten. Es ist daher der Analogie gemäss auch anzunehmen, dass die Ausfüllung der Flötztrümer mit ihren edeln Erzen nicht das Resultat eines in jenen allenthalben thätigen, weitgreifenden Fällungsprozesses, sondern nur das Resultat einer partiellen Ausfüllung und Veredelung in der unmittelbaren Berührung oder in der Nähe anderer, mit selbstständiger Erzführung begabter, regelmässiger Gänge ist, welche mit zunehmender Entfernung von letztern endlich ihr Ziel erreichte. Diese Ausfüllung der Flötztrümer mit Gang- und Erzarten muss in einer Zeitperiode stattgefunden haben, als die andern Gänge der edeln Braunspathformation grösstentheils mit den groben Geschicken schon ausgefüllt waren, und nur noch in den darin verbliebenen offenen Räumen, oder in später aufgerissenen Spalten und Klüften für den Absatz der edeln Geschicke ein Feld der Gangthätigkeit darboten. Diess geht nicht nur aus der, namentlich

auf dem Neu hohe Birke Stehenden gemachten Beobachtung
hervor, wonach einzelne Flötztrümer durch die aus groben
Geschicken bestehende Gangmasse jener quer hindurchsetzen,
sondern auch aus der Erwägung, dass die Flötztrümer, wenn
ihre Spalten zur Zeit der Ausfüllung der andern Gänge mit
den ältern groben Geschicken schon vorhanden gewesen
wären, sicherlich auch von den die Nachbargänge erfüllenden
mineralischen Solutionen durchdrungen worden wären, und
dann wenigstens theilweise mit den gleichen groben Geschicken,
wie jene Gänge, ausgekleidet worden sein müssten, was jedoch
nirgends der Fall ist.

Nach diesen Erörterungen ist allerdings kaum zu hoffen,
dass es gelingen werde, in dem fraglichen Reviertheile einen
oder mehrere, mit selbstständiger, bauwürdiger Erzführung
begabte, im Streichen und Fallen weit fortsetzende Flötztrümerzüge auszurichten, welche für sich allein ebenso, wie die
anderen, regelmässigen Hauptgänge zum Gegenstande eines
ausgebreiteten, Gewinn bringenden Abbaubetriebes gemacht
werden könnten. Es dürfte daher zur Zeit und bis auf Wei-
teres davon abzusehen sein, auf die präsumtive Existenz
solcher durch mehrere Grubenfelder durchlaufender, edler
Flötztrümerzüge weitgehende Pläne und systematische Be-
triebsveranstaltungen zu begründen. Dagegen erscheint es
allerdings möglich und selbst wahrscheinlich, sowohl dass die
jetzt bekannten einzelnen, kleinen Flötztrümerzüge bei der
weitern Aufschliessung ihrer als edel befundenen Kreuzungs-
regionen mit andern, gewöhnlichen Gängen vielleicht noch auf
beträchtliche Längen bauwürdig fortzubringen oder, selbst
wenn sie stellenweise aussagen sollten, doch weiterhin wieder
edel auszurichten sein werden, als auch, dass diese bekannten
Flötztrümerzüge da, wo sie an andere, nahegelegene Hauptgänge hinansetzen, zum Theil aufs Neue mit bauwürdiger
Entwickelung betroffen werden, sowie auch, dass bei dem
fernern Grubenbetriebe hier und da noch neue, vorher völlig
unbekannte, edle Flötztrümerzüge angetroffen werden. Für
die Entdeckung letzterer fehlt zur Zeit allerdings jedes Anhalten, und wird diese daher zunächst dem Zufalle überlassen bleiben müssen. Anders ist es aber bei den bereits

bekannten Flötztrümerzügen. Es ist nicht denkbar, dass die erzführende, bauwürdige Entwickelung dieser durchaus auf die dermalen aufgeschlossenen Regionen beschränkt sei, vielmehr ist auf Grund der bisherigen Erfahrungen vorauszusetzen, dass noch gar manche unverritzte Erzmittel auf ihnen existiren. Sie können folglich auch wieder erhebliche Wichtigkeit für den Bergbau des betreffenden Reviertheiles erlangen, und verdienen daher in vollem Maase die Aufmerksamkeit, die ihnen neuerdings wieder zugewendet worden ist. Insonderheit stellt sich die weitere Anschliessung der Flötztrümerregion im Habachter Feldtheile von Beschert Glück Fdgr. als eine eben so nahe liegende, als hoffnungsvolle Unternehmung dar, indem der flachfallende Zug der Habachter Gänge im Bereiche dieser Region, d. i. ungefähr in der Teufenzone zwischen dem Churfürst Johann Georg Stolln und der 3. Gezeugstreckensohle, sich vorzüglich erzreich und ergiebig zu verhalten pflegt. In dieser Hinsicht dürfte hauptsächlich auf das über 200 Lachter lange, noch fast ganz unverritzte, in dem nordöstlichen Hauptstreichen der Habachter Gänge, als namentlich des Ludwig Stehenden, Carl Morgenganges und Leo Stehenden, gelegene Gangfeld zwischen dem Pauline Spatgange und dem Beschert Glück'er Richtschachte, sowie auf den über 100 Lachter langen, noch nicht näher untersuchten Theil des Habachter Gangzuges zwischen dem Schwarzfarbe Spate und dem Caroline Spate das Augenmerk zu richten sein.

— ⚜ —